KB090401

Chinese Cuisine

꼭 알아야 할

기초중국요리

박병일 저

(주)백산출판사

Preface

중국은 현재 인구 세계 1위이며 광활한 영토만큼 복합적인 다민족의 성격을 지니고 있으며, 요리는 각 나라마다의 기후, 지리적 특성, 민족성에 따라 각양각색의 특징을 지니고 있다.

중국요리는 다채로운 형태와 독특한 맛이 있어 세계 최고의 요리 중 하나임에는 틀림이 없다. "육상의 살아 있는 네 발 달린 것은 책상만 빼놓고 무엇이든지, 하늘을 나는 것은 비행기 빼고, 물속에 있는 것은 배를 제외하고 요리의 재료로 쓰인다."는 말이 있다. 이처럼 중국요리는 모든 식재료를 요리의 대상으로 삼아 불로장수의 사상과 밀접한 관계를 가지고 발전해 왔고, 의사를 중심으로 요리법이 발전되었다. 또한 약과 음식은 하나에서 출발한다는 "의식동원(醫食同源)"이라는 말처럼 음식을 중요하게 여긴다.

이 책이 중국요리의 모든 부분을 설명할 수는 없지만 중국의 음식과 문화에 대하여 기본적인 자세나 이론적 지식 부분들에 대하여 부족하지만 다년간의 실무와 강의 경험을 기반으로 중국요리를 배우길 희망하는 독자들에게 미약하나마 도움이 되길 희망하며 교육현장에서 독자들을 위해 노력하시는 수많은 교수님들께 누가 되지 않기를 바라며, 아울러 부족한 부분들에 대하여 계속하여 노력하고 보완, 수정하여 보다 완벽한 교재로 거듭날 수 있도록 "마부작침(磨斧作針)"의 자세로 노력하겠습니다.

끝으로 이 책이 세상에 나올 수 있도록 많은 도움을 주신 (주)백산출판사 이경희 부장님과 직원분들에게 감사드립니다.

또한 중국음식에 관하여 끊임없는 영감과 교감을 주시는 유슈슐님께 감사드립니다.

현재 이 글을 읽고 계신 독자님의 가정의 평화와 소망하신 모든 꿈을 이루시길 기원드립니다.

저자 드림

Contents

제1부 중식 조리의 개요

제2부 중식 조리기능사

제3부 호텔요리

중식 조리의 개요

제1부

1 중국의 음식문화

중국은 현재 인구 14억 2천만 명으로 세계 1위이며, 면적은 959만 6960㎢로 한반도의 약 44배로 세계 제4위로 큰 국가이다.

광활한 영토만큼 지역마다 토양과 기후도 다르며 생산되는 산물도 다르고

한족을 포함한 56개 소수민족으로 이루어진 복합적인 다민족의 성격을 지니고 있으며, 요리는 각 나라마다다의 기후, 지리적 특성, 민족성에 따라 각양각색의 특징을 지니고 있다.

중국요리는 다채로운 형태와 독특한 맛이 있어 세계 최고의 요리 중 하나임에는 틀림이 없다. "육상의 살아 있는 네 발 달린 것은 책상만 빼놓고 무엇이든지, 하늘을 나는 것은 비행기 빼고, 물속에 있는 것은 배를 제외하고 요리의 재료로 쓰인다."는 말이 있다. 이처럼 중국요리는 모든 식재료를 요리의 대상으로 삼아 불로장수의 사상과 밀접한 관계를 가지고 발전해 왔고, 의사를 중심으로 요리법이 발전되었다. 또한 약과 음식은 하나에서 출발한다는 "의식동원 (醫食同源)" 이라는 말처럼 음식을 중요하게 여긴다.

만리장성을 쌓은 진시황제로부터 한방식이 시작되었고, 가공식품도 먹기 시작했다고 전해진다. 한나라 시대로 접어들면서 떡, 만두 등 곡류를 가루로 내서 음식을 만들어 먹는 조리법이 생기기 시작했고 식기도 금, 은, 칠그릇을 만들어 사용하기 시작했다.

수, 당나라 시대에는 대운하가 건설되어 강남의 질 좋은 쌀이 북경까지 전달되어 북경 일대의 식생활이 풍요로워 졌으며 화북 지방에서는 식생활에 일대 혁명이 일어나기 시작해서 대량 생산의 길을 튼 덕분에 일반 시민들도 그 혜택을 받아 밀가루의 발전으로 국수, 빵, 전병 등을 만들어 먹기 시작했다. 페르시아 지방에서 설탕이 들어와 재배되기 시작한 것도 이 무렵부터이다. 설탕은 중식의 후식발달을 더욱 자극하였다고 볼 수 있다.

식사는 1일 2식이었으며, 조리는 원칙적으로 남자의 몫이었다.

원나라 시대로 접어들면서 중국요리가 서방 세계로 전달되기 시작하였다. 몽고인

들은 유목민이었으므로 고기 요리와 유제품 음식을 많이 먹었다.

요리는 주로 구워서 먹었는데, 기마민족의 특징을 엿볼 수 있는 부분이다.

명나라 시대에는 옥수수, 고구마가 수입되었다. 도로, 운하들이 잘 발달되어 남방에 이르는 길도 잘 트였다. 각 지역의 요리 재료, 향신료, 과일 등을 쉽게 구할 수 있어서 조리법이 한층 더 발달하기 시작하였다. 그러한 음식 문화는 청나라 시대에 접어들면서 중국요리의 부흥기를 이루게 되었다.

황실과 민간의 합작, 만족과 한족의 결합인 중국요리의 진수라 불리는 "만한전석(滿漢全席)"은 청나라 시대의 화려함과 호사스러움의 극치를 이룬다. 상어 지느러미, 곰 발바닥, 낙타 등고기, 원숭이 골 요리 등 중국 각지에서 준비한 희귀한 재료 등을 이용하여 100여 종 이상의 요리를 준비해 이틀에 걸쳐 먹는데, 이때에 후식이 등장하였을 것으로 보인다.

불도장도 이때부터 유래되었다고 한다. 또한 서태후가 나들이 할 때는 요리사를 100여명이나 대동하고 음식을 수백 가지나 만들어 먹었다고 하니 그 화려함의 극치를 미루어 짐작한 만하다. 청나라 때에는 행사 음식 또는 명절 음식이 성행하였는데, 북경에서는 설날에 물만두를 만들어 먹었고, 2월 1일에는 태양 탄신일이라고 하여 쌀가루로 오층떡을 만들어 태양신에게 바치는 의식을 행하였다.

사월 초파일에는 콩, 밭을 삶아서 절에 가서 선남선녀에게 주는 "사연두" 풍습이 있었고, 8월 보름에는 월병을 만들어 제사를 지냈다.

12월에는 각종 죽을 만들어 먹으면서 만수무강을 기원하기도 하였다.

(1) 중국요리의 지역적 특징

중국은 국토가 넓어 각 지방의 기후, 풍토, 산물 등에 각기 특색이 있다. 기나긴 5000년의 역사 속에서 발전을 거듭하였다. 중국요리는 원료의 생산, 조리 기술, 풍미, 특색의 차이에 따라 역사적으로 많은 지방 요리를 형성하였다. 각 지방 간의 상호 영향으로 약간씩의 공통점이 생겨났으나 비교적 큰 지역 특성에 따라 요리 계통이 형성되었다. 요리 계통이 형성되기까지에는 경제, 지리, 사회, 문화 등의 많은 요소가 필요하다.

그중 주요한 요인으로는 풍부한 산물, 유구한 전통이 있어야 하고, 조리 기술에 능숙한 인재와 유명 음식점이 있어서 조리 문화가 발달되어야 한다.

중국요리는 미각의 만족에 그 초점이 맞추어져 있어 백미향이라고 하며, 농후한 요리나 담백한 요리가 각각 복잡 미묘한 맛을 지니고 있다.

기름의 활용도가 매우 높은 편이며 식재료도 다양하게 사용하여 맛과 영양 모두 매우 만족할 만하다. 중국요리는 높은 열에서 단시간에 조리를 하는 메뉴가 많으므로 영양의 손실이 적은 것이 특색이다.

1) 산동요리(山東料理)

산동요리는 화북 평야의 광대한 농경지에서 풍부하게 생산되는 소맥, 과일 등의 각종 농산물의 주재료이며, 각 지역의 희귀한 재료들이 집합되어 있다. 북방의 특성상 화력이 매우 강한 "루매이"라는 석탄을 사용하기 때문에 짧은 시간에 조리한 튀김이나 볶음 요리가 발달되어 있다.

산동은 황화강 하류에 위치한 지역으로 중국 고애 문화 발원지의 하나이다. 춘추전국 시기의 대학자 공자와 맹자도 음식을 논하는데 정통하였는데 이것으로도 이시기의 조리 수준이 이미 상당한 수준에 도달하였다는 것을 미루어 알 수 있다.

산동요리 계통은 재료의 선택이 광범위하고 해산물이 많이 사용하여 탕 만들기를 중요하게 여기며, 맛은 약간 짜고 신선하며 깨끗하고 향기로우며 바삭거리고 부드러운 특생이 있다.

대표적인 요리에 대파와 해삼을 불린 것을 볶아 낸 요리(홍소해삼), 뜨거운 설탕 시럽에 입혀 낸 요리(빠스) 등이 있다.

2) 강동요리(廣東料理)

광동요리는 중국 남부의 광주를 중심으로 한 요리를 총칭하며, 더운 열대성 기후이다. 그러므로 재료는 채소류와 해산물, 생선, 쇠고기, 토마토케첩, 서양 채소 등도 많이 사용되는 편이다.

또한 자연이 지니고 있는 맛을 살리기 위해서 살짝 익히고 싱거우며 기름도 적게 들어가는 편이다. 광동 지역은 동남연해에 위치하여 기후가 온화하고 재료가 풍부하다. 고대에는 광동 일대에 어업에 종사하는 민족이 모여 다종의 식풍을 섭취하며 살았다. 또 서양 요리 기술을 흡수, 융합하여 선명한 지방 특색과 풍미를 형성하였다. 광주를 중심으로 본건요리, 조주요리, 동간요리 등 지방 요리 전체를 말한다.

광동요리는 재료 사용의 범위가 넓고 조리 기술도 다양하며 맛은 깨끗하고 신선하며 시원하고 부드럽다.

광동에서는 광주요리를 대표로 한다. 상어지느러미, 제비집, 녹용 등 특수 재료를 이용하고 뱀, 원숭이 등을 이용한 요리도 있다.

16세기부터 스페인, 포루투갈의 선교사와 상인들이 많이 왕래를 하여 이들의 영향을 받은 특이한 요리가 있고, 요리 기술이 국제적이다.

대표적인 요리로는 파인애플과 탕수 소스에 넣고 볶은 요리(탕수육), 딤섬 등이 있다.

3) 사천요리(四川料理)

사천요리는 야생의 특산물을 취하기는 하나 맛은 그곳 특유의 조미 방식을 많이 사용 한다. 맛이 매우 다양하여 진하고, 무겁고, 순수하고, 두꺼우면서 깨끗하고 신선하며 한 가지 요리가 한 가지 형식이며 백 가지 요리가 백 가지 형식이다. 사천요리의 풍미는 장강 중상류 및 귀주, 운남 등에까지 영향을 미쳤다. 이곳들은 중국의 서방 양쯔강 상류의 산악 지대로서 오지이며 습기가 많고 산지이기 때문에 식품의 저장을 생각해 절임류가 발달하였으며, 산악 지대에서 생산된 암염이 사용된다. 사천요리는 윈난, 귀주 지방의 요리까지 총칭한다. 대표적인 요리로는 누룽지에 여러 가지 재료를 넣어 걸쭉하게 만든 소스를 식탁에서 끼얹어 먹는 요리(누룽지탕), 삶은 돼지고기를 사천 풍으로 다시 볶아 낸 요리(회과육), 두부와 같은 고기를 두반장에 볶은 요리(마파두부), 새우 매운 볶음 요리(칠리새우) 등이 있다.

4) 강소요리(江蘇料理)

강소요리는 중국의 중심 지대로서 장강을 끼고 있는 비옥한 농토에서 나는 식재료를 사용한다. 19세기 유럽의 침입에 영향을 받아 상하이가 중심이 되자 강소요리는 서구 풍으로 발전하여 동서양 사람들의 입맛에 맞도록 변화, 발전하였다. 중국 내륙의 양자강 하구에 위치한 지역으로 강소요리를 상해요리하고 부르기도 한다. 강소는 바다를 끼고 있어서 해산물 요리가 발달되어 있으며, 특징은 간장과 설탕을 많이 써서 달고 농후한 맛을 띤다.

요리의 색상이 진하고 선명한 것 또 특징이라 보겠다. 이 지방의 특산물인 장유(醬油)를 사용하여 요리를 하며 기름기가 많은 것도 특색이다.

대표적인 요리로는 한 마리의 생선을 가지고 머리서부터 꼬리까지 하는 요리(탕수어), 꽃 모양의 빵(화권) 등이 있다.

(2) 기타요리 계통

1) 궁정요리

궁중에서 황제를 위하여 만든 요리로, 청대에 이르러 그 절정에 이른 것이다. 베이징이 그 본고장으로 베이징 요리에 포함되기도 한다. 궁정요리는 각지의 진귀하고, 좋은 재료를 골라 쓰는 것이 기본이다. 그리고 가장 맛깔스러운 모양을 구미는 것도 으뜸이며, 영양면에서도 다른 어떤 요리보다 으뜸이다.

2) 정진 요리

수도하는 불교도들이 살생을 할 수 없었기 때문에 어류나 육류를 이용하지 않고, 채소만을 이용하여 만든 요리이다. 버섯이나 채소를 이용하여 고기 맛이 나도록 한 것이 특생이다. 정진 요리는 다른 어떤 요리보다 조리사의 연구와 노력의 결과가 많이 들어갔다고 볼 수 있다. 맛은 대체로 담백한 것이 특징이다.

3) 약선 요리

각 개인의 체질 및 음양오행에 맞추어 음식의 재료를 선택하거나, 각종 한방약의 재료로 쓰이는 것들을 요리에 사용하여 만든 건강식이다. 약선 요리는 중국에서 기원전부터 전통적으로 내려오는 요리로, 의약과 음식은 근원이 같다는 의식동원(醫食同源) 사상에서 유해한다. 그러나 약선 요리는 한약방처럼 사람의 몸에 어떤 효과를 단기간에 기대할 수는 없고 단지 지속적으로 체질에 맞게 먹는 것이다. 약선 요리는 다른 요리보다 좀 더 다양한 재료를 사용한다. 중국요리가 세계 요리계에서 하는 역할을 적지 않다. 다른 나라의 요리와 비교하여 중국요리의 특징짓는 요소는 재료, 썰기, 조미료, 불의 가감, 그것들의 바탕인 사상이다.

이것들을 이해한 다음, 실제 조리에서는 재료의 선택은 엄격하게, 썰기는 정교하고 세밀하게, 맛내기에 대한 연구를 하고 불 가감에 주의하여 색, 양, 미, 향, 기의 5박자를 고루 갖춘 요리를 만들 수 있다.

중국은 역사만큼이나 다양한 요리를 개발, 발전시켜 세계적인 요리로 손꼽히고 있다. 중국요리의 일반적인 특징은 다음과 같다.

① 재료의 선택이 자유롭고 광범위하다.

일반적인 식자재 모두가 재료로 이용될 뿐 아니라 제비집, 상어지느러미 같이 특수 식자재도 일품요리의 재료로 이용되고 있으며 재료의 종류가 다양하고 광범위함은 상상을 초월한다.

② 맛이 다양하고 풍부하다.

오미(五味)를 복잡 미묘하게 혼합하여 창출해 내는 중국요리의 맛은 세계의 어떤 요리도 따라오기 어려운 특징이다.

③ 조리기구가 간단하고 조리법의 응용이 다양하다.

다양한 요리의 종류에 비해 조리기구의 수가 적고 조리법의 응용이 다양하다. 웍, 국자, 기름통, 그물조리 등이 조리기구의 전부라 할 만큼 그 기구가 간단하다.

④ 기름을 많이 사용하지만 강한 불을 이용하여 영양소 파괴를 줄인다.

중국요리의 대부분이 기름을 사용하여 튀기거나 볶거나 조리거나 지진 것이라 할 만큼 기름이 많이 사용된다.

하지만 강한 불을 이용하여 단시간에 볶아 기존의 식감이나, 향, 영양소 파괴를 줄여 요리하여 기준의 향미와 풍미를 살리는 특징을 가지고 있다.

⑤ 재료 고유의 맛, 색, 향을 살리고 풍요롭고 화려하다.

고기와 생선, 채소에는 각각 재료 자체의 맛과 색이 있다. 식재료 자체의 모양을 살리며 맛과 색을 살리는 중국요리는 오색을 기본으로 하고 있다.

오색을 기반으로 빠르게 볶아 내는 요리에서는 건강과 함께 각 재료의 색이 살아 있어 화려하고 풍요로운 음식이 만들어지게 된다.

중국요리에서는 채소, 해산물, 육류 등을 조화시켜 만든 음식을 한 그릇에 모두 담고 화려한 장식을 한다.

2 딤섬의 정의 및 분류

(1) 딤섬의 정의

딤섬(点心)은 중국 만두로 3천 년 전부터 중국 남부의 광동 지방에서 만들어 먹기 시작했다.

전한 시대부터 먹기 시작했고, 차와 함께 즐기는 간식거리였다. 중국에서는 코스 요리의 중간 식사로 먹기도 하고 홍콩에서는 전채 음식, 한국에서는 후식으로 먹는다. 딤섬의 의미는 중국 개혁 · 개방정책 이후, 중국 경제의 발전으로 맞벌이 가정이 늘어나면서 아침식사의 동의어가 되었다. 바쁜 아침 요리법이 간단하고 빠르게 먹을 수 있는 음식을 찾게 되고, 딤섬은 사람들의 생활에 깊숙이 스며들었다.

우리나라에서 일반적으로 "만두"라고 불리는 음식은 엄격히 따지자면 만두와 교자, 포자, 소매 등으로 구분되어야 한다. 흔히 물만두, 군만두 등에서 "만두"는 "교자"라고 불러야 한다. 교자는 원래 사람의 귀 모양으로 만든 동상 치료약을 기념해 만든 음식으로 중국 북방에서는 설날 아침에 온 가족이 교자를 만들어 먹으며 그해의 행운을 빌었다고 한다.

한편 만두는 소가 없는 만두와 소가 들어간 포자 등 두 가지가 있다. 안에 들어가는 소의 종류에 따라 고기포자, 야채포자, 해물포자 등이 있다.

우리나라에서 흔히 부르는 "찐만두"는 사실은 "찐 포자"가 정확한 명칭이다. 딤섬은 모양, 재료, 조리법에 따라 이름이 달라진다. 작고 투명한 것은 교(餃), 껍질이 두툼하고 푹신한 것은 파오(包), 통만두처럼 윗부분이 뚫려 속이 보이는 것은 마이(賣)라고 한다.

속 재료는 새우, 게살, 상어지느러미 등의 고급 해산물, 육류, 채소, 앙금류 등을 사용한다. 또한 조리법에 따라 삶은 것(煮), 찐 것(蒸), 튀긴 것(炸), 지진 것(煎) 등으로 나뉘며 디저트류도 딤섬의 종류에 포함된다.

중국에서와 한국에서의 딤섬의 의미나 종류는 약간의 차이가 있다.

(2) 딤섬의 분류

1) 찜 딤섬

① 수정 새우 교자

딤섬 소가 보일 정도로 피가 투명하다. 딤섬 피가 가열되면서 호화되어 수정처럼 투명하다 해서 붙여진 이름이다. 교자의 소 재료는 여러 가지가 있고 얼마든지 응용할 수 있다. 수정 새우 교자는 주재료가 새우이다. 새우를 손질하여 새우 살을 칼로 으깨고 끊기 있게 치대어 만들기 때문에 새우가 익으면서 새우의 색소로 인해 붉은빛 색이 딤섬의 투명한 피를 통해 나타낸다.

② 돼지고기 소룡포

돼지고기 껍데기의 콜라겐 성분을 이용하여 소 재료의 일부분을 만들고 이것을 피동(皮凍)이라고 한다. 돼지껍질을 가열한 후 식혀서 굳어지면 젤리처럼 된다. 이것을 소에 넣고 딤섬을 만든다. 딤섬을 가열할 때 열이 가해짐으로써 콜라겐 성분이 녹아 육즙 상태로 바뀌어 소의 재료와 함께 부드러운 질감을 느낄 수 있는 것이 특징이다.

③ 샤오마이

딤섬의 윗부분이 뚫려 속이 보이는 모양이다. 꽃 봉우리 모양처럼 만들어 미적인 요소를 겸비하고 대표적인 것이 샤오마이다.

샤오마이는 모양과 소에 들어가는 재료에 따라 색, 맛, 질감을 달리할 수 있다.

2) 튀김 딤섬

① 춘권

봄(春)에 제철인 식재료를 이용하여 얇은 전병이나 시중에 판매되는 춘권 피, 달걀 지단에 여러 가지 재료를 볶아서 펼친 후 그것을 말아(捲)서 튀긴 딤섬이다. 양식의 스프링 롤과 비슷하다.

② 찹쌀떡 튀김

찹쌀가루나 쌀가루 등을 이용하여 반죽하여 동그랗게 빚은 후 깨를 묻혀 튀긴 딤섬이다. 딤섬 소로 팥 앙금을 넣기도 하고 후식으로 많이 이용된다.

3) 지짐 딤섬

① 고기교자

초승달 모양으로 주름을 잡아 만든 후 기름에 지진 것이다. 교자를 팬에 넣고 바닥에 기름을 약간 넣어 눌러 붙지 않게 가열한 후 물을 붙고 뚜껑을 닫아 물이 증발하면서 그 수증기로 익히는 방법이다. 또한 소량의 기름으로만 지져서 익힐 수도 있고 대량의 기름으로 튀기기도 한다.

담백한 고기 맛과 야채 맛이 조화롭고 바삭하면서도 부드러운 질감을 느낄 수 있으며 가장 흔히 불리는 군만두라고 생각하면 된다.

4) 삶은 딤섬

① 새우 훈둔

우리나라의 만둣국이라 생각하면 쉽게 이해가 간다. 밀가루 반죽을 밀어 피를 만들거나 시중에 판매하는 만두피를 이용한다. 피에 소를 넣고 훈둔을 빚고 삶는다. 육수와 야채를 곁들여 한 번 끓인 후 익힌 훈둔을 넣고 한 번 더 끓여 마무리한다.

② 수 교자

고기나 야채 등 여러 가지 소를 응용할 수 있고 얇은 피로 싸서 물에 삶아낸 딤섬이다. 흔히 물만두라고 하고 훈둔과 모양도 맛도 비슷하며 소는 재료에 따라 각각 달라질 수 있다.

(3) 밀가루

1) 밀가루의 종류

밀가루는 밀의 품종, 재배환경과 제분율 등에 따라 단백질 함량이 다르다.

강력분은 단백질 함량이 11% 이상으로 제빵용으로 사용하고, 중력분은 단백질 함량이 10% 정도로 다목적용으로, 박력분은 단백질 함량이 8~9%로 제과용으로 사용한다.

밀은 일반적으로 수분 12% 내외, 지질 2% 이하, 회분 0.5% 내외, 탄수화물 80~90%, 단백질 8~13%로 구성되어 있다. 제분한 밀은 밀기울과 배아를 제거하고 남은 배유 부분을 밀가루로 만든다. 따라서 섬유질, 지질, 비타민, 무기질 등이 풍부한 밀기울과 배아를 제거한 다목적용 밀가루는 전분과 단백질이 주 구성성분이다.

물을 넣고 반죽하면 불용성 단백질인 글리아딘과 글루테닌이 수화되면서 점탄성을 가진다. 글리아딘은 점성을 나타내고 글루테닌은 잘 끊어지지 않는 탄성을 나타내므로 글루텐은 점탄성이 강하다. 따라서 밀가루의 단백질 함량이 높을수록 글루텐 형성이 많아지므로 밀가루 반죽의 점탄성의 높다.

2) 글루텐 형성에 영향을 주는 요인

① 밀가루의 종류

단백질 함량이 높을수록 글루텐 형성량이 많으므로 더 질기며 단단한 반죽이 된다.

② 반죽 정도

반죽은 치댈수록 글루텐이 형성되면서 점탄성이 크고 표면이 매끈한 덩어리가 된다. 기계 등으로 지나치게 반죽하면 글루텐 섬유가 가늘어지면서 끊어져 반죽이 연해지고 물러진다.

③ 물의 양, 온도 및 첨가방법

글루텐을 잘 형성시키려면 단백질을 완전히 수화시켜야 하므로 단백질 함량이 많은 밀가루일수록 필요한 물의 양이 많다.

④ 반죽 후 숙성시간

밀가루를 반죽한 후 젖은 수건이나 비닐 등에 써서 일정 시간 숙성시키면 신장성이 좋아진다.

⑤ 첨가물

소금은 음식의 간을 내기 위한 가장 기본적인 조미료이고 단백질 가수분해 효소의 활성을 억제하여 글루텐의 강도를 높인다. 또한 이스트가 적당한 속도로 발효되게 하므로 제품의 맛과 질감을 좋게 한다.

단, 과량 사용은 제품을 질기게 하므로 주의한다. 설탕은 반죽 내의 수분을 흡수하므로 밀가루 단백질의 수화를 감소시켜 글루텐 형성을 저해한다. 따라서 설탕이 다량 첨가되면 반죽이 묽어지고 구우면 표면이 갈라지고 양이 적으면 결이 거칠어진다.

지방은 글루텐의 표면을 둘러싸서 글루텐의 성장을 억제하므로 반죽을 부드럽고 연하게 한다. 밀가루 반죽을 팽창시키는 팽창제이다. 이산화탄소는 효모나 세균에 의한 발효, 즉 생물학적 작용에 의해 발생하거나 중조나 베이킹파우더 등의 화학적 반응에 의해 발생하는 팽창제이다.

⑥ 밀 전분(등면분)

지름이 매우 작은 입자로 직물용 풀이나 종이의 접착제로 사용하는 외의 생선묵, 제과원료 등 식용으로도 이용된다. 딤섬의 투명한 피를 만들 때 주재료로 사용하고 수입 제품이다.

⑦ 전분

중국요리에 많이 쓰는 녹말에는 감자전분, 옥수수전분, 녹두가루, 소맥전분 등이 있다. 녹말은 요리의 수분, 온도를 유지시켜주고 튀김요리에 사용하면 바삭한 질감을 준다. 또한 국물을 걸쭉하게 만드는 역할을 한다.

⑧ 쌀가루

쌀을 물에 충분히 불려 가루로 만들어 사용한다. 이 과정에서 수분 함량이 30% 정도 된다. 쌀 단백질은 밀 단백질과 같이 점성을 나타내는 글루텐이 형성되지 못하므로 반죽을 할 때 끓는 물로 하여야 쌀 전분의 일부가 호화되어 점성이 생긴다. 그래서 찹쌀가루를 이용하여 만드는 경단, 화전 등을 반죽할 때는 끓는 물로 익반죽을 한다. 쌀가루를 체에 치거나 손으로 많이 치대면 공기가 혼입되어 입에서 촉감이 좋아지고 백색도도 증가한다.

⑨ 물

반죽을 할 때 사용되는 물은 중요한 요소이며 딤섬의 종류에 따라서 차이가 있겠지만 반죽 공정에서 원료분 100에 대해 물은 40% 이상을 사용한다.

물은 조리 시 열의 전도체 역할을 하므로 전분의 호화에 직적적인 영향을 미친다.

전분의 호화에 직접적인 영향을 미치기 때문에 찌거나 삶을 때는 충분한 양의 끓는 물이 필요하다.

3 중국요리의 소스와 조미료

음식물의 맛을 평가하는 중요한 요소이다. 조미료는 사람의 식욕을 자극시킬 뿐만 아니라 소화액 분비를 자극하고 소화 흡수를 촉진시킨다. 설탕의 당질은 열원으로서 중요하며 식품 중의 당질을 단당류와 이당류, 다당류이고 각각의 그 성분에 따른 성질을 나타내며 조리에 따라서 성질을 달리하고 있어 감미 및 각종 풍미를 좌우한다. 식초는 신맛이 농후하며 액상이 부드럽다. 조리 시 필수 불가결의 조미품이다. 사용되는 식초는 미초, 훈초, 당초, 주초, 백초 등이 있으며 산지 품종에 따라 맛이 다르다.

굴소스

생굴을 소금과 발효시켜 만들어 굴의 감칠맛이 농축된 소스이며, 세계적으로 가장 대표적인 중국식 소스이다.

1988년 광동성 주해의 이금상이 제조 과정에서 나오는 국물에 감칠맛이 많이 나는 것을 알게 되었고, 이를 이용하여 굴 소스의 원형을 만들게 되었으며, 볶음이나 조림, 튀김에 두루 사용한다.

두반장

발효시킨 메주콩에 고추를 갈아 넣고 양념을 첨가하여 만들어 맵고 칼칼한 맛을 내는 요리에 사용된다.

주 요리는 마파두부, 돼지고기 요리, 냉채 요리 등의 소스로 많이 사용한다.

해선장

물, 대두, 설탕, 식초, 소금, 쌀, 밀가루, 고추, 마늘을 이용하여 만들고 대두를 중심으로 발효시킨 소스이다.

짠맛과 단맛이 나고 해선장 특유의 고소한 향이 있고, 해선장(海鮮醬)이란 이름 때문에 해산물이 들어갈 것 같지만 해산물은 들어가지 않는다.

노두유

노두유는 관동 일대에서 쓰는 색깔이 진한 간장을 말한다.

노두추 또는 노추라고도 하며 색이 찐하며 짠맛은 강하지 않고 주로 색을 낼 때 사용한다.

간장

음식의 간을 맞추는 기본양념으로 짠맛, 단맛, 감칠맛 등이 복합된 맛과 함께 특유의 향을 지니고 있다. 간장은 농도에 따라 진간장, 중간장, 묽은 간장으로 나눌 수 있다. 중국에서는 서기 400년경 북위 시대 두장청(豆醬淸)으로부터 그 후 청장(淸醬), 생추(生抽), 노추(老抽) 간장 등이 있다.

흑초

광동요리에 많이 사용되며, 검은콩으로 발효시켜 만든 식초이며, 독특한 향기와 맛을 지니고 있다. 요리를 흰색으로 만들고 싶을 때는 보통 식초와 혼합하여 사용하며, 중국인은 여름에 체력이 소모되는 것을 방지하기 위해 냉수에 소금과 함께 타서 마시기도 한다.

춘장

대두, 소금을 이용하여 발효시킨 중국식 된장이다.

색은 짙은 갈색이고 6개월 정도 발효시키면 검은색으로 변하며 맛이 깊어진다. 가열을 하면 짠맛이 엷어지고 단맛이 올라오는 특징이 있다.

XO소스

고추기름을 기본으로 하여 건관자, 건새우, 건고추, 게 혹은 전복 등 값비싼 식자재를 잘게 자른 후 고추기름에 볶아 사용하며 XO소스 홍콩에서 만들어졌고, XO소스라는 이름에 유래는 고급 브랜디의 등급 표시인 XO를 따왔는데, XO 등급 브랜디에 필적할 만한 고급스러운 소스라는 뜻으로 지어진 이름이라 한다.

- **두시장**

황두와 흑두를 삶아서 찐 뒤에 발효시킨 것이다.

두시의 종류는 건두시, 강두시, 수두시 세 종류로 분류할 수 있다.

- **매실소스**

중국 매실과 생강, 고추를 섞어 만든 소스이다.

매실의 연육작용 때문에 육류 구이용으로도 쓰이고, 향도 뛰어난 튀김 요리의 소스로 사용한다.

- **치킨 파우더, 치킨스톡 액상**

중국요리에는 닭뼈 육수를 많이 쓰는데 가정집에서는 매번 닭 육수를 만들어 쓸 수 없으므로 치킨 파우더를 사용한다.

물과 함께 끓여 국물을 내거나 볶음 요리에 첨가하여 감칠맛을 낸다.

(1) 조미의 작용

1) 나쁜 맛을 제거한다.

육류의 노린내, 물고기의 비린내, 지방질 식품의 느끼한 맛, 지나친 쓴맛, 떫은맛 등의 맛을 제거해 준다. 조미료를 넣는 것은 주재료의 이러한 나쁜 맛을 제거하고, 주재료가 갖고 있는 독특한 향과 질감을 최대한 살려서 주재료의 고유한 풍미를 조화시키기 위한 것이다.

2) 강한 맛을 약하게 한다.

색재료 중에 특별히 강한 향과 맛을 가지고 있는 것들이 있다. 내장의 악취, 고추의 매운맛, 도라지의 쓴맛, 무의 알싸하게 매운맛 등은 사람의 입맛에 거부반응을 일으킬 수 있다, 여기서 적절한 조미료를 배합하면 강렬한 향이나 맛을 감소시킬 수 있다.

3) 맛을 전체적으로 조화시킨다.

음식의 맛은 조미료의 종류와 조미의 작용에 따라 결정된다. 동일한 재료로 다양한 맛을 낼 수 있는 것은 재료에 따라 어떤 조미료를 선택하여 어떻게 조미를 하느냐에 따라 음식의 맛이 결정되기 때문이다.

4) 조미료로 주재료의 맛을 결정한다.

식품 재료 중에는 두드러진 맛을 갖고 있지 않은 재료들이 있다. 이 맛을 담미라 부르며, 두부, 해삼, 상어지느러미, 제비집, 죽순, 묵 등은 부드럽고 독특한 맛이 부족한 담미를 가진 재료들이다. 이러한 재료들은 조미 과정을 통하여 새로운 맛을 창조할 수 있는 식재료들이라 할 수 있다.

5) 색채를 돋운다.

조미료는 주재료와 부재료가 가지고 있는 색채와 잘 배합되도록 선정한다.

완성된 음식이 어떤 색채를 가질 것인지 미리 염두에 두어 조미료를 선택하고 색채를 살리는 조리 방법으로 조리해야 한다.

4 중국요리의 식자재

(1) 야채류

청경채

성장 기간이 짧은 십자화과 채소이다. 전체가 녹색일 경우 청경채라 부르고 잎줄기가 백색일 경우 백경채라 부른다.

중국 채소지만 현재는 전 세계적으로 사용되며 칼슘, 나트륨, 등 각종 미네랄과 비타민 C나 A의 효력을 가진 카로틴이 많다.

배추

한자로 백채(白菜)라고 하며 원산지는 중국이며 우리나라에서는 문헌상으로는 고려시대의 「향약구급방(鄉約救急方)」에 처음 나온다.

배추는 김치의 주재료로 무, 고추, 마늘과 함께 우리나라 4대 채소에 속한다.

우리 식생활에 있어서 가장 중요한 김치를 만드는 데 필수적인 재료이다.

배추는 비타민과 무기질의 공급원으로 우수한 채소이다.

죽순

죽순은 대나무류의 땅속줄기에서 돋는 어리고 연한 싹이다. 성장하는 대나무에서 볼 수 있는 성질을 다 갖추고 있다. 자라지 않은 마디와 그것을 가로지르는 마디가 빽빽하게 늘어서 있다.

영양 성분으로는 단백질, 지질, 칼슘, 철 등이 함유되어 있다.

● 표고

표고버섯은 느타리과에 버섯으로 밤나무 등 죽은 나무에 기생하며 자란다. 맛과 향이 좋아 각종 음식에 널리 이용되며, 생이나 말려서 사용하기도 한다. 표고버섯의 등급은 갓의 형태에 따라 등급으로 나누어 이름을 붙이는데, 백화고, 흑화고, 동고, 향고, 향신으로 구분된다. 흰색을 백화고, 검은색은 흑화고라 한다.

● 양송이

양송이버섯의 갓은 5~12cm이고 처음에는 구형이나 차차 펴져서 편평해진다. 표면은 백색이며 점차 담황갈색을 띠게 된다.

한국의 재배 시기는 1960년대부터 시작되어 주로 봄, 가을 2기작이 실시된다.

● 피망

피망은 고추의 품종을 개량해 매운맛을 없앤 채소다. 모양은 동그란 원통형이며 과피 안의 모양은 고추와 흡사하며, 비타민 C가 많으며, 조직이 견고하여 가열해도 잘 파괴되지 않는 특징을 가지고 있다.

● 셀러리

산형화목 미나리과에 해당하며 원산지는 남유럽, 북아프리카 서양 요리에서 빠지지 않는 식재료이지만 중국요리에서도 자주 사용하는 재료로 요리의 향미를 돋는 데 활용되며, 샐러드 요리나 육류 요리에도 즐겨 사용된다.

야생 셀러리는 쓴맛이 강해 질병을 예방하는 천연

해독제로 활용되었다.

17세기 이후 품종을 개량하여 식용으로 사용하기 시작하였다.

아스파라거스

아스파라거스는 숙취에 탁월한 아스파라긴산이 처음 발견된 채소라 하여 붙여진 이름이다.

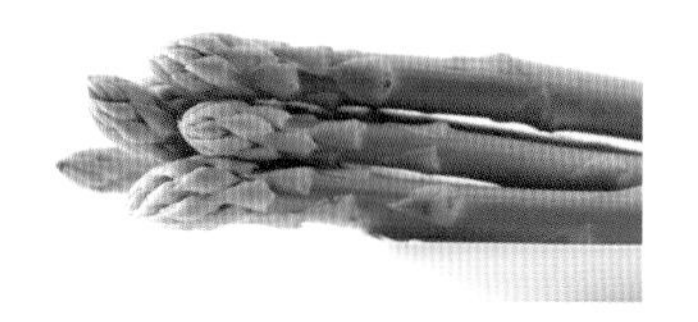

아스파라긴산은 아스파라거스 씁쓰름한 맛의 주성분인데, 싹이 튼 콩류에서 발견되고 신진대사를 촉진해 단백질 합성을 돕는다. 자양강장과 피로회복 효과가 있으며, 아스파라긴산 함유량은 콩나물의 1000배 정도로 많아 숙취 해소에 매우 효과적이다.

브로콜리

브로콜리는 겨자과에 속하는 녹색채소로 '녹색 꽃양배추'라고도 불리며 샐러드, 수프 등에 많이 사용하는 채소 중 하나이며, 영양성분으로는 비타민 C, 항산화 물질, 베타카로틴 등이 풍부하다.

콜리플라워

원산지는 유럽 지중해 연안이며 전체적으로 둥글며 하얀 것이 좋다.

비타민류가 풍부하여 콜리플라워 100g을 먹으면 하루에 필요한 비타민 C의 양을 섭취할 수 있다. 그 외 비타민 B_1, B_2도 많고 식이섬유 함유량도 많다.

당근

당근의 가장 큰 매력은 황색 색소의 카로틴과 비타민 A의 성분이 가장 많은 채소 중의 하나이며 당근의 카로틴 성분은 주로 껍질에 함유되어 있고 생

으로 먹으면 카로틴 흡수율이 10% 이하이지만 기름에 조리하여 섭취하면 60% 이상 높아지므로 조리하여 먹는 것이 좋다.

● 고수

중국, 동남아, 베트남, 태국, 유럽 등에서 음식의 잡냄새를 제거하고 음식의 향을 첨가할 때 쓰이는 효과적인 향신료이며, 중국요리 및 쌀국수 요리에 많이 사용된다.

고수는 입맛을 돋우고 소화를 촉진시키며 위를 보호하는데 도움을 주며 피클, 육류 등에 이용하며, 뿌리와 줄기도 식용하며 약용한다.

● 물밤

쌍떡잎식물 마름과의 한해살이풀로 마름열매를 물밤이라고 하며 최근에는 물밤 전분을 사용한 식품도 각광받고 있다. 특유의 식감이 있어 볶음요리나 새우요리에 다져서 자주 사용한다.

● 고구마

한국 전역에서 널리 재배하고, 줄기는 땅바닥을 따라 있으며 뿌리를 내린다. 모양은 뾰족한 원기둥꼴, 공 모양까지 여러 종류이고 빛깔도 흰색, 노란색, 연한 자주색, 연한 붉은색, 붉은색으로 다양하다.

● 감자

감자는 페루, 칠레 등의 안데스 산맥이 원산지이며, 땅속에 있는 줄기로부터 가는 줄기가 나와 그 끝이 비대해져 덩어리 줄기를 형성하며 독특한 냄새가 난다. 덩이줄기의 싹 부분은 알칼로이드의 솔라닌

(solanin)이 들어 있어 독성이 있으므로 싹이 있거나, 푸르게 변한 감자는 먹지 않도록 주의해야 한다.

● 양파

양파는 동서양을 막론하고 여러 가지 요리에 향신료와 조미료로 많이 이용되고 있는 채소 중의 하나이다.

양파에는 항균효과를 비롯하여 중금속의 해독작용, 콜레스테롤의 감소 및 혈당저하, 항암효과 등이 보고되었으며, 다지거나 썰어서 양념형태로 조리에 이용하거나 샐러드 등의 생식으로도 이용하며 가공식품으로는 분말, 기름, 피클 등이 있다.

● 마늘

마늘은 우리나라 대표 식품의 하나인 김치 제조에 사용되는 주요 향신료의 하나로 항균, 항암, 면역증강, 스테미너 증강, 성인병 예방 등의 생리활성이 알려져 있고, 마늘 추출물은 생장억제 효과가 보고된 바 있으며 한국의 전통음식인 김치에서도 강력한 항균작용을 나타내고 있다.

● 대파

대표적인 향신 채소인 대파는 중국으로부터 유입되었으며 대파는 특유의 향이 요리에 잡냄새를 잡아주기 때문에 다양하게 향신 채소로 사용하며, 육수를 낼 때는 시원한 맛과 감칠맛을 내기 위해서 뿌리부분을 사용한다.

● 생강

동남아시아가 원산지이고, 뿌리줄기는 옆으로 자라고, 덩어리 모양에 황색이며 매운맛과 향긋한 냄새가 있다. 향신 채소로 자주 사용한다.

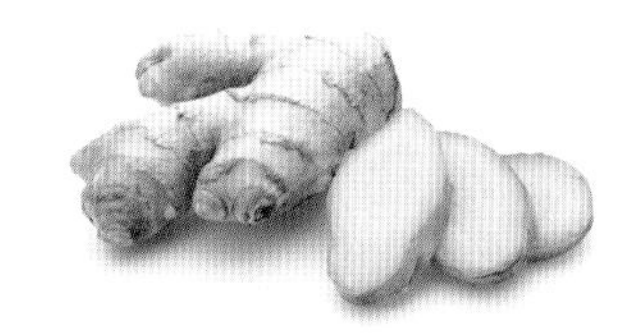

● 부추

부추는 백합과에 다년생으로 다른 채소와 다르게 한 번만 종자를 뿌리면 다음 해부터는 뿌리에 싹이 돋아나 계속 자란다. 부추는 봄부터 가을까지 3~5회 잎이 돋아나며, 지방에 따라 정구지, 부초,부채, 난총이라고 부른다.

● 짜사이

짜사이(榨菜)는 작채, 자차이라고도 하며 잎은 배추와 비슷하게 생겼으며 뿌리는 울퉁불퉁하고 무와 같이 생겼다. 장아찌로 소금과 양념에 절여서 만들며 가늘게 썰어 낸 짜사이를 물에 헹군 다음 짠맛을 뺀 다음 양파나 대파, 오이를 곁들이고 설탕과 식초, 고추기름을 더해 버무려 씹히는 식감이 좋으며 짭짤한 맛이 입맛을 돋운다. 우리나라의 무김치와 비교하여 중국의 절임 김치라고 할 수 있으며, 중과 사천성의 대표적인 음식이다.

(2) 해산물

● 해삼

해삼(海蔘)은 '바다의 인삼'이란 뜻으로 중국요리에 자주 사용하는 귀한 식재료이며 영양성분으로는 골격과 치아 형성, 근육의 이상적인 수축, 생리작용의 필수적인 칼슘, 철분을 다량 함유하고 있으며 중

국 진나라 진시황제가 불로장생을 위해 뽑은 8진(珍)에 포함된 재료 중 하나로 세계적으로 국산 해삼이 가장 선호되고 있으며 조리 전 보관 시 기름과 맞닿으면 녹아버리기 때문에 보관에 주의하여야 한다.

● 전복

전복은 고단백, 저지방 식품의 대명사로 체내에서 잘 흡수되어 건강식으로 많이 쓰인다. 영양성분으로는 타우린, 메티오닌, 아르기닌, 시스테인 등을 다량 함유하고 있으며 내장에는 해초 성분이 농축되어 맛과 영양이 뛰어나다.

● 상어지느러미

중국 3대 진미인 샥스핀은 상어의 지느러미를 말하며 영문으로는 'Shark's Fin', 중문으로는 '위츠(魚翅)'라고 불린다. 상어지느러미는 맛이 연하고 부드러워 누구나 즐길 수 있다. 특히 기력회복, 식욕증진 등 보양식에 쓰이는 최고급 식재료로 사용된다.

● 관자

연체동물인 조개껍데기를 닫는 질긴 근육을 말하며, 조개관자, 패주라고도 속칭한다.

단백질이 풍부하고 지방 함량이 적어서 다이어트에 좋은 식재료이다.

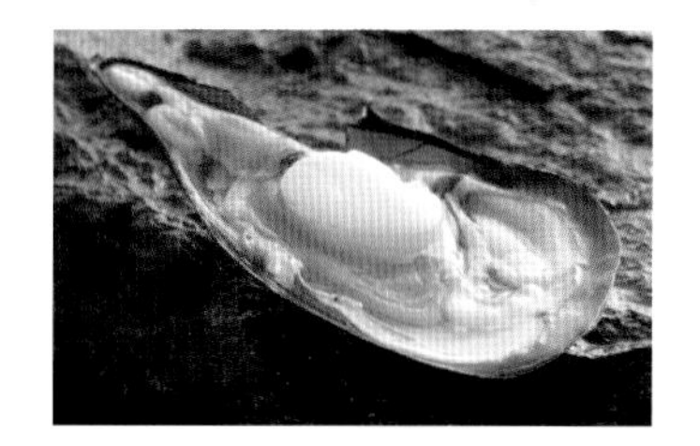

● 오징어

오적어(烏賊魚)라고도 한다. 연체동물로 몸은 머리, 몸통, 다리로 이루어지며, 다리와 몸통 사이에 머리가 있고 좌우 양쪽에 눈이 있다.

종류로는 갑오징어, 무늬오징어, 창오징어, 흰오징어 등이 있다.

● 새우

새우는 세계적으로 약 2,900여종이 있고, 우리나라에서는 약 90여종이 알려져 있다. 십각목(十脚目: 다섯 쌍의 발이 달린 종류)에 포함되며 한자로는 보통 하(蝦)라고도 쓰이며 종류로는 보리새우, 닭새우, 도화새우, 부채새우 등이 있다.

● 바닷가재

갑각강 십각목의 닭새우과, 가시발새우과, 매미새우과에 속하는 새우류로 단단하고 체절로 되어 있는 외골격을 갖는다. 몸의 빛깔은 보통 점무늬가 있는 짙은 초록색이나 짙은 파란색인데, 불에 익히면 아스타신틴에 의해 적색을 띤다.

(3) 곡류 외 약재

● 팔각

팔각이라는 이름에서도 알 수 있듯 팔각은 외관상 쉽게 구별하기 쉬운 향신료다. 8개의 꼭짓점으로 별 모양을 띠고 있다. 원산지가 서인도이며 목련과나무의 열매이며, 중국에서는 3000년 전부터 사용하였으며 효능은 특유의 향으로 식욕증진과 배뇨촉진을 들 수 있다.

강하고 독특한 향으로 요리 재료의 잡내를 제거하는 중국음식의 향신료로 동파육, 장육, 소계 등 장기간 끓이는 요리에 많은 쓰인다.

계피

계피는 녹나무과에 속하는 생달나무의 나무껍질로 상쾌한 청량감과 단맛과 매운맛이 있어 과자류의 향을 내거나, 피클 등에 사용된다.

또 계핏가루는 케이크, 푸딩, 빵 등에 주로 사용한다.

산초

산초는 운행과의 낙엽관목의 열매껍질로 높이가 3~4m 내외이며 잔가지에 가시가 있는 나무로 한국, 중국, 일본 등지에 분포한다.

중국요리에 많이 사용하는 향신료로 마라 등 얼얼한 맛을 내는 데 사용하는 대표적인 향신료이며 우리나라에서는 추어탕에 들어가서 비린 맛과 찬 성질을 중화시키는 역할을 한다.

정향

정향은 유일하게 꽃봉오리를 사용하는 향신료로 정향나무의 꽃봉오리를 말하며 자극적이지만 달콤하고 상쾌한 향이 특징이다. 꽃이 피면 향기가 날아가 버려 꽃이 피기 전, 봉오리를 따서 말린다. 정향은 향신료 중에서도 살균력과 방부력이 강력해서 중국에서는 약재로도 사용된다.

회향

산형화목 미나리과의 한해살이풀로 지중해 연안이 원산지이며, 잎은 긴 칼집 모양으로 끝부분이 뾰족하며 깃털처럼 3~5갈래로 가늘게 갈라져 있다.

● 땅콩

땅콩은 콩과에 속하는 일년생의 초본식물로 지방질과 단백질을 많이 함유하고 있는 고열량 식품으로 직접 식용으로 이용되거나, 식용류, 버터, 마가린 등 다양한 분야에 이용되고 있다.

중국요리에서는 소금을 넣어 삶거나, 소금을 넣어 볶아서 반찬으로 사용한다.

● 캐슈넛

인도, 브라질 등에서 생산되는 캐슈넛은 캐슈나무(Anacardium occidentale)의 열매로 구부러진 모양이 독특하여 허리가 있는 견과로 불리기도 하며 다른 견과류에 비해 식감이 부드러우며, 영양성분으로는 비타민 K, 리놀레산이 풍부하며 성인병 예방에도 효능이 있다.

● 구기자

맛이 달고 자극적이지 않으며 간과 신장의 기능을 활발하게 하여 눈을 맑게 한다. 허리, 머리, 눈에 피로가 있을 때 섭취하면 효능이 있다.

● 진피

귤껍질을 말린 것이며 맛은 씁쓸하다. 비타민이 풍부하고 향이 좋아 향을 내거나 비릿하고 느끼한 맛을 없앨 때 사용하며, 비만인 체질에 좋다.

● 전분

부드러운 분말로 이루어져 있고 감자, 옥수수, 고구마 등이 있다.

중국요리에서 빠질 수 없는 재료로 중식은 전분의 의한 요리라 말할 수 있을 정도이다. 전분의 효능으로는 대표적으로 융합, 보온을 들 수 있다.

5 중국요리의 조리법

중식의 조리에는 여러 가지가 있으며, 기름을 이용하는 볶음에 주로 이용되는 초(炒)는 전분을 사용하지 않는 볶음류의 대표적인 조리법이고 류(溜)는 전분을 사용하는 볶음류의 조리법에 속한다.

● 초(炒)

초는 "볶는다"는 뜻으로 중식을 조리하는 데 있어서 가장 많이 사용되는 방법이다. 알맞은 크기와 모양으로 만든 재료를 기름에 조금 넣고 센 불이나 중간 불에서 짧은 시간에 뒤섞으며 익히는 조리법이다.

ex) 炒飯 ⇨ 볶음밥

● 작(炸)

넉넉한 기름에 밑손질한 재료를 넣어 튀기는 조리법이다.

튀김 조리는 표면은 타지 않으면서 속은 부드럽고 재료 표면에 색채와 윤기가 돌고, 눅눅하지 않으면서 바삭하게 촉감이 돋는 요리로 완성하는 조리법이다.

ex) 炸春捲 ⇨ 짜춘권

● 팽(烹)

완성된 튀김 재료를 이용하여 마무리하는 조리 기법으로 튀겨낸 재료를 다시 부재료와 양념을 강한 불에 빠르게 요리하는 방법으로 소스가 튀김 재료에 스며들어 맛과 풍미를 고조시키는 습열 조리법이다.

ex) 干烹鷄 ⇨ 깐풍기

● 류(溜)

재료를 기름에 튀기거나 삶거나 찐 뒤, 걸죽한 소스를 만들어 재료 위에 끼얹거나 또는 조리한 재료를 소스에 버무려 묻혀 내는 조리법이다.

ex) 溜三絲 ⇨ 유산슬

● 전(煎)

팬에 밑 손질한 재료를 펼쳐 놓아 중간 불이나 약한 불에서 한 면 또는 양면을 지져서 익히는 조리법이다.

ex) 南煎丸子 ⇨ 난자완스

● 증(蒸)

재료를 수증기로 쪄서 만드는 방식의 조리법이다. 증의 조리법은 재료의 성질이나, 재료의 영양 손실을 막고 본연의 맛과 형태를 유지하기 위해 사용하기도 한다.

ex) 蒸餃子 ⇨ 찐만두

● 고(烤)

중국요리 조리법 중 제일 오래되었으며 장작이나 숯, 적외선, 가스 등을 연료로 쓰며, 음식의 수분이 증발되어 마치 튀겨놓은 듯 겉표면은 바삭하고 속은 부드럽게 만들어진다.

음식의 재료에 간을 한 후에 직화를 이용하거나 오븐 또는 복사열을 이용하여 음식을 익히는 조리법은 오랜 전통 방식이기도 하다.

ex) 北京烤鴨 ⇨ 북경오리

● 폭(爆)

폭은 1.5cm 정육면체로 썰거나 가늘게 채 썰고 혹은 꽃 모양으로 만들어 칼집을 낸 재료를 뜨거운 물이나 탕, 기름 등으로 먼저 고온에서 매우 빠른 속도로 솥에서 뒤섞어 열처리를 한 뒤 볶아 내는 방법이다. 재료 원래의 맛이 그대로 살아 있어 부드럽고 아삭한 질감을 살리는 데 적당하다. 가장 빨리 만드는 조리법으로 대표적인 중식 요리로는 궁보계정을 들 수 있다.

6 중국요리 정선법

● 사(絲)

길이 5~6cm, 두께 0.3cm 정도로 가늘게 채 써는 법으로, 중식 채썰기의 특징은 식품 재료의 섬유질을 살려 정선하기 때문에 아무리 가늘게 썰어도 중간에 부서지거나 절단되는 경우가 없다.

● 편(片)

길이 4~7cm, 두께가 0.3~0.5cm으로 음식의 용도에 맞게 편 써는 법으로 식품 재료의 포를 뜨듯이 한쪽으로 어슷하고 얇게 뜨는 것으로 오른쪽에서 왼쪽으로 칼을 넣어 떠 주며 주로 버섯이나 채소 같은 것을 써는 데 적합한 정선법이다.

● 정(丁)

식품 재료를 사각형 모양으로 써는 형태로, 자르는 모양에 따라 대방정, 소방정, 감람정 등으로 나눈다.

채소나 육류 등 다양한 요리에 많이 사용되는 정선법이다.

● 괴(塊)

식품 재료를 덩어리 형태의 모양으로 하여 수직으로 써는 형태(직도법)를 말한다.

괴의 기본 크기는 가로 세로에 관계없이 2.5cm 정도로 정선한다.

많이 이용하는 형태는 재료를 돌리면서 써는 정선, 마름모꼴 정선 등을 사용한다.

● 조(條)

막대 모양으로 써는 것으로 일반적으로 길이 5~7cm,두께는 0.6~1cm 길쭉한 형태로 정선한다. 육류나 생선처럼 탄력성이 있는 재료는 밀어썰기나 당겨썰기를 하는 것이 좋고, 식감이 아삭한 채소는 수직으로 썰어야 한다. 또한 재료의 결방향에 따라 결대로 썰거나 가로썰기, 어슷썰기 등으로 썬다.

● 미(未)

식품 재료를 쌀알 크기로 다지는 형태로, 육류나 향신료 등을 다지는 정선법이다.

● 니(泥)

식품 재료의 껍질, 뼈, 힘줄을 제거한 후 칼로 아주 곱게 다지는 정선법이다.

중식 조리기능사

제2부

오징어 냉채 • 해파리 냉채 • 고추잡채 • 부추잡채
양장피잡채 • 채소볶음 • 마파두부 • 홍쇼두부 • 깐풍기 • 라조기
난자완스 • 경장육사 • 탕수육 • 새우케첩볶음
빠스고구마 • 빠스옥수수 • 유니짜장면 • 울면
탕수생선살 • 새우볶음밥

오징어 냉채 凉拌墨魚 / liàng bàn yóu yú

리양 반 요 위

시험시간 20분

요구사항

※ 주어진 재료를 사용하여 다음과 같이 오징어 냉채를 만드시오.

㉮ 오징어 몸살은 종횡으로 칼집을 내어 3~4cm로 썰어 데쳐서 사용하시오.

㉯ 오이는 얇게 3cm 편으로 썰어 사용하시오.

㉰ 겨자를 숙성시킨 후 소스를 만드시오.

수험자 유의사항

❶ 만드는 순서에 유의하며, 위생과 숙련된 기능평가를 위하여 조리작업 시 맛을 보지 않습니다.

❷ 지정된 수험자 지참준비물 이외의 조리기구나 재료를 시험장 내에 지참할 수 없습니다.

❸ 지급재료는 시험 전 확인하여 이상이 있을 경우 시험위원으로부터 조치를 받고 시험 중에는 재료의 교환 및 추가지급은 하지 않습니다.

❹ 요구사항 및 지급재료의 규격은 "정도"의 의미를 포함하며, 재료의 크기에 따라 가감하여 채점됩니다.

❺ 위생복, 위생모, 앞치마, 마스크를 착용하여야 하며, 시험장비 · 조리기구 취급 등 안전에 유의합니다.

❻ 다음 사항은 실격에 해당하여 채점대상에서 제외됩니다.

㉮ 수험자 본인이 시험 도중 시험에 대한 포기 의사를 표현하는 경우

㉯ 위생복, 위생모, 앞치마, 마스크를 착용하지 않은 경우

㉰ 시험시간 내에 과제 두 가지를 제출하지 못한 경우

㉱ 문제의 요구사항대로 과제의 수량이 만들어지지 않은 경우

㉲ 완성품을 요구사항의 과제(요리)가 아닌 다른 요리(예, 달걀말이 → 달걀찜)로 만든 경우

㉳ 불을 사용하여 만든 조리작품이 작품특성에 벗어나는 정도로 타거나 익지 않은 경우

㉴ 해당 과제의 지급재료 이외 재료를 사용하거나 요구사항의 조리기구(석쇠 등)로 완성품을 조리하지 않은 경우

㉵ 지정된 수험자 지참준비물 이외의 조리기술에 영향을 줄 수 있는 기구를 사용한 경우

㉶ 가스레인지 화구 2개 이상(2개 포함) 사용한 경우

㉷ 시험 중 시설 · 장비(칼, 가스레인지 등) 사용 시 시험위원 및 타 수험자의 시험 진행에 위해를 일으킬 것으로 시험위원 전원이 합의하여 판단한 경우

㉸ 요구사항에 표시된 실격 및 부정행위에 해당하는 경우

❼ 항목별 배점은 위생상태 및 안전관리 5점, 조리기술 30점, 작품의 평가 15점입니다.

❽ 시험 시작 전 가벼운 몸풀기(스트레칭) 동작으로 긴장을 풀고 시험을 시작합니다.

지급 재료

갑오징어살(오징어 대체 가능) 100g, 오이(가늘고 곧은 것, 20cm) 1/3개, 식초 30㎖, 백설탕 15g, 소금(정제염) 2g, 참기름 5㎖, 겨자 20g

만드는 방법

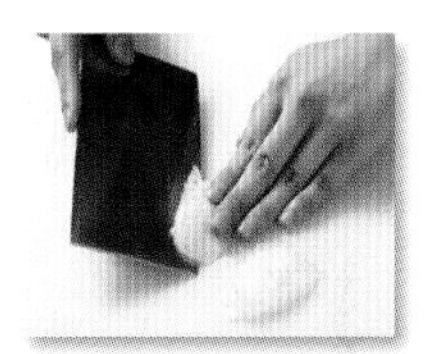

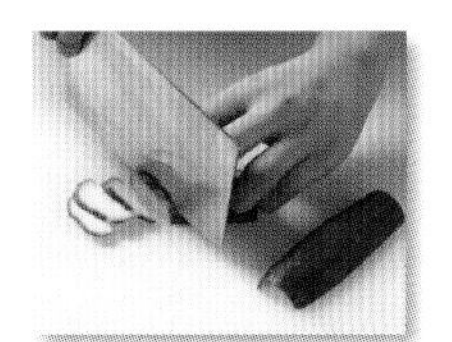

❶ 냄비에 물을 올리고 겨잣가루에 뜨거운 물을 1 : 1로 넣고 걸쭉하게 개어 끓는 냄비 뚜껑 위에 엎어서 20분 정도 숙성시킨다.

❷ 오이는 소금으로 문질러 씻어, 반을 갈라 길이 3cm, 두께 0.2cm로 어슷한 편으로 썬다.

❸ 갑오징어는 껍질을 잘 벗겨내고 안쪽에 칼을 눕혀서 가로와 세로 각 0.3cm 간격으로 칼집을 넣으며 길이 3~4cm, 넓이 2cm로 자른다.

❹ 끓는 물에 갑오징어는 데쳐 찬물에 식혀 물기를 제거한다.

❺ 발효시킨 겨자에 설탕을 넣고 설탕이 녹도록 저은 후 식초, 소금, 참기름을 섞어 덩어리지지 않게 겨자소스를 만든다.

❻ 데친 갑오징어를 식혀서 오이와 골고루 보기 좋게 담아 겨자소스를 고루 버무려 낸다.

Tip

- 오징어는 세로 칼집을 깊게 넣고, 가로 칼집을 사선을 넣어 들어 올려준다.
- 물이 생기지 않도록 제출 직전에 버무려 제출한다.

해파리 냉채 凉拌海蜇皮 / liàng bàn hǎi zhé pí

리양 반 하이 찌 피

시험시간 20분

요구사항

※ 주어진 재료를 사용하여 다음과 같이 해파리 냉채를 만드시오.

㉮ 해파리는 염분을 제거하고 살짝 데쳐서 사용하시오.

㉯ 오이는 0.2×6cm 크기로 어슷하게 채를 써시오.

㉰ 해파리와 오이를 섞어 마늘소스를 끼얹어 내시오.

수험자 유의사항

❶ 만드는 순서에 유의하며, 위생과 숙련된 기능평가를 위하여 조리작업 시 맛을 보지 않습니다.

❷ 지정된 수험자 지참준비물 이외의 조리기구나 재료를 시험장 내에 지참할 수 없습니다.

❸ 지급재료는 시험 전 확인하여 이상이 있을 경우 시험위원으로부터 조치를 받고 시험 중에는 재료의 교환 및 추가지급은 하지 않습니다.

❹ 요구사항 및 지급재료의 규격은 "정도"의 의미를 포함하며, 재료의 크기에 따라 가감하여 채점됩니다.

❺ 위생복, 위생모, 앞치마, 마스크를 착용하여야 하며, 시험장비 · 조리기구 취급 등 안전에 유의합니다.

❻ 다음 사항은 실격에 해당하여 채점대상에서 제외됩니다.

㉮ 수험자 본인이 시험 도중 시험에 대한 포기 의사를 표현하는 경우

㉯ 위생복, 위생모, 앞치마, 마스크를 착용하지 않은 경우

㉰ 시험시간 내에 과제 두 가지를 제출하지 못한 경우

㉱ 문제의 요구사항대로 과제의 수량이 만들어지지 않은 경우

㉲ 완성품을 요구사항의 과제(요리)가 아닌 다른 요리(예, 달걀말이 → 달걀찜)로 만든 경우

㉳ 불을 사용하여 만든 조리작품이 작품특성에 벗어나는 정도로 타거나 익지 않은 경우

㉴ 해당 과제의 지급재료 이외 재료를 사용하거나 요구사항의 조리기구(석쇠 등)로 완성품을 조리하지 않은 경우

㉵ 지정된 수험자 지참준비물 이외의 조리기술에 영향을 줄 수 있는 기구를 사용한 경우

㉶ 가스레인지 화구 2개 이상(2개 포함) 사용한 경우

㉷ 시험 중 시설 · 장비(칼, 가스레인지 등) 사용 시 시험위원 및 타 수험자의 시험 진행에 위해를 일으킬 것으로 시험위원 전원이 합의하여 판단한 경우

㉸ 요구사항에 표시된 실격 및 부정행위에 해당하는 경우

❼ 항목별 배점은 위생상태 및 안전관리 5점, 조리기술 30점, 작품의 평가 15점입니다.

❽ 시험 시작 전 가벼운 몸풀기(스트레칭) 동작으로 긴장을 풀고 시험을 시작합니다.

지급 재료

해파리 150g, 오이(가늘고 곧은 것, 20cm) 1/2개, 마늘(중, 깐 것) 3쪽, 식초 45㎖, 백설탕 15g, 소금(정제염) 7g, 참기름 5㎖

만드는 방법

❶ 해파리는 엷은 소금물에 손으로 주물러 비벼서 씻은 후 여러 번 헹구어 염분기를 제거한다.

❷ 해파리를 뜨거운 물(70~80도)에 데쳐 바로 건져 찬물로 여러 번 씻은 후 건져 식초 1큰술을 넣어 재워둔다.

❸ 오이는 소금으로 문질러 씻어 길이 6cm, 두께 0.2cm로 잘라서 돌려깎기하여 채를 썬다.

❹ 다진 마늘, 설탕, 식초, 소금, 참기름으로 마늘소스를 만든다.

❺ 수분을 제거한 해파리와 오이채를 섞어서 마늘소스로 고루 끼얹어서 접시에 담아낸다.

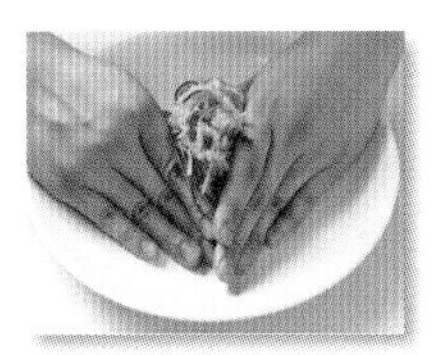

Tip

- 해파리를 삶을 때는 살짝만 데쳐준다.
- 너무 오래 데치면 불릴 수 있는 시간이 부족하다.

고추잡채 青椒炒肉絲 / qing jiāo ròu sī

칭 찌아오 로우 쓰

시험시간 25분

요구사항

※ 주어진 재료를 사용하여 다음과 같이 고추잡채를 만드시오.

㉮ 주재료 피망과 고기는 5cm의 채로 써시오.

㉯ 고기는 간을 하여 기름에 익혀 사용하시오.

수험자 유의사항

❶ 만드는 순서에 유의하며, 위생과 숙련된 기능평가를 위하여 조리작업 시 맛을 보지 않습니다.

❷ 지정된 수험자 지참준비물 이외의 조리기구나 재료를 시험장 내에 지참할 수 없습니다.

❸ 지급재료는 시험 전 확인하여 이상이 있을 경우 시험위원으로부터 조치를 받고 시험 중에는 재료의 교환 및 추가지급은 하지 않습니다.

❹ 요구사항 및 지급재료의 규격은 "정도"의 의미를 포함하며, 재료의 크기에 따라 가감하여 채점됩니다.

❺ 위생복, 위생모, 앞치마, 마스크를 착용하여야 하며, 시험장비 · 조리기구 취급 등 안전에 유의합니다.

❻ 다음 사항은 실격에 해당하여 채점대상에서 제외됩니다.

㉮ 수험자 본인이 시험 도중 시험에 대한 포기 의사를 표현하는 경우

㉯ 위생복, 위생모, 앞치마, 마스크를 착용하지 않은 경우

㉰ 시험시간 내에 과제 두 가지를 제출하지 못한 경우

㉱ 문제의 요구사항대로 과제의 수량이 만들어지지 않은 경우

㉲ 완성품을 요구사항의 과제(요리)가 아닌 다른 요리(예, 달걀말이 → 달걀찜)로 만든 경우

㉳ 불을 사용하여 만든 조리작품이 작품특성에 벗어나는 정도로 타거나 익지 않은 경우

㉴ 해당 과제의 지급재료 이외 재료를 사용하거나 요구사항의 조리기구(석쇠 등)로 완성품을 조리하지 않은 경우

㉵ 지정된 수험자 지참준비물 이외의 조리기술에 영향을 줄 수 있는 기구를 사용한 경우

㉶ 가스레인지 화구 2개 이상(2개 포함) 사용한 경우

㉷ 시험 중 시설 · 장비(칼, 가스레인지 등) 사용 시 시험위원 및 타 수험자의 시험 진행에 위해를 일으킬 것으로 시험위원 전원이 합의하여 판단한 경우

㉸ 요구사항에 표시된 실격 및 부정행위에 해당하는 경우

❼ 항목별 배점은 위생상태 및 안전관리 5점, 조리기술 30점, 작품의 평가 15점입니다.

❽ 시험 시작 전 가벼운 몸풀기(스트레칭) 동작으로 긴장을 풀고 시험을 시작합니다.

지급 재료

돼지등심(살코기) 100g, 청주 5㎖, 녹말가루(감자전분) 15g, 청피망(중, 75g) 1개, 달걀 1개, 죽순(통조림(whole), 고형분) 30g, 건표고버섯(지름 5cm, 물에 불린 것) 2개, 양파(중, 150g) 1/2개, 참기름 5㎖, 식용유 150㎖, 소금(정제염) 5g, 진간장 15㎖

만드는 방법

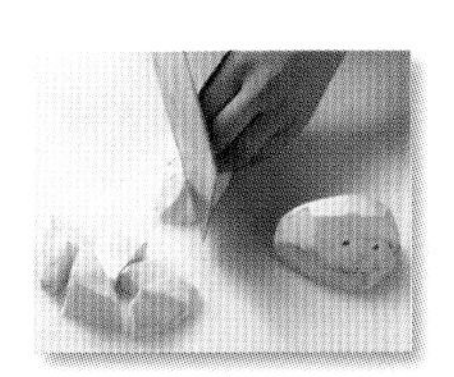

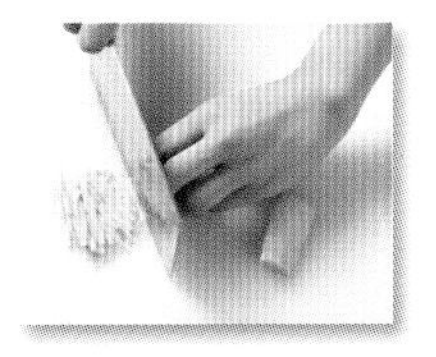

❶ 물을 끓여서 표고버섯에 부어놓고, 죽순은 데쳐서 빗살무늬 속의 석회질을 제거하고 길이 5cm, 폭 0.3cm 크기로 채 썬다.

❷ 청피망은 꼭지를 제거하고 반을 갈라 씨를 제거하고 길이 5cm, 폭 0.3cm 크기로 채 썬다.

❸ 대파와 생강은 채 썰어 준비한다.

❹ 양파는 껍질을 벗겨내고 길이 5cm, 폭 0.3cm 크기로 채 썬다.

❺ 표고버섯은 기둥을 떼어내고 폭이 0.3cm 되도록 채 썬다.

❻ 돼지고기는 길이 5cm, 두께 0.3cm로 채 썰어 소금, 청주로 밑간을 하여 달걀흰자와 전분을 넣고 버무린다.

❼ 팬을 달군 후 기름을 두르고 돼지고기는 젓가락으로 풀어주면서 볶는다.

❽ 팬을 달군 후 기름을 두르고 생강과 대파를 넣고 청주를 넣어 향을 내고 죽순, 표고, 양파 순으로 볶으면서 피망을 넣고 청주를 넣어 향을 내고 간장으로 양념을 맞추고 돼지고기를 넣고 한 번 더 볶아주고 후추와 참기름을 넣어 그릇에 담아낸다.

Tip

- 靑椒는 파란고추를 말하는데 청피망을 의미한다.
- 청피망은 결대로 썰어야 말리지 않으며 색이 변하지 않도록 빠르게 볶아낸다.

부추잡채 韮菜炒肉絲 / chǎo jiǔ cài

차오 찌우 차이

시험시간 20분

요구사항

※ 주어진 재료를 사용하여 다음과 같이 부추잡채를 만드시오.

㉮ 부추는 6cm 길이로 써시오.

㉯ 고기는 0.3×6cm 길이로 써시오.

㉰ 고기는 간을 하여 기름에 익혀 사용하시오.

수험자 유의사항

❶ 만드는 순서에 유의하며, 위생과 숙련된 기능평가를 위하여 조리작업 시 맛을 보지 않습니다.

❷ 지정된 수험자 지참준비물 이외의 조리기구나 재료를 시험장 내에 지참할 수 없습니다.

❸ 지급재료는 시험 전 확인하여 이상이 있을 경우 시험위원으로부터 조치를 받고 시험 중에는 재료의 교환 및 추가지급은 하지 않습니다.

❹ 요구사항 및 지급재료의 규격은 "정도"의 의미를 포함하며, 재료의 크기에 따라 가감하여 채점됩니다.

❺ 위생복, 위생모, 앞치마, 마스크를 착용하여야 하며, 시험장비 · 조리기구 취급 등 안전에 유의합니다.

❻ 다음 사항은 실격에 해당하여 채점대상에서 제외됩니다.

㉮ 수험자 본인이 시험 도중 시험에 대한 포기 의사를 표현하는 경우

㉯ 위생복, 위생모, 앞치마, 마스크를 착용하지 않은 경우

㉰ 시험시간 내에 과제 두 가지를 제출하지 못한 경우

㉱ 문제의 요구사항대로 과제의 수량이 만들어지지 않은 경우

㉲ 완성품을 요구사항의 과제(요리)가 아닌 다른 요리(예, 달걀말이 → 달걀찜)로 만든 경우

㉳ 불을 사용하여 만든 조리작품이 작품특성에 벗어나는 정도로 타거나 익지 않은 경우

㉴ 해당 과제의 지급재료 이외 재료를 사용하거나 요구사항의 조리기구(석쇠 등)로 완성품을 조리하지 않은 경우

㉵ 지정된 수험자 지참준비물 이외의 조리기술에 영향을 줄 수 있는 기구를 사용한 경우

㉶ 가스레인지 화구 2개 이상(2개 포함) 사용한 경우

㉷ 시험 중 시설 · 장비(칼, 가스레인지 등) 사용 시 시험위원 및 타 수험자의 시험 진행에 위해를 일으킬 것으로 시험위원 전원이 합의하여 판단한 경우

㉸ 요구사항에 표시된 실격 및 부정행위에 해당하는 경우

❼ 항목별 배점은 위생상태 및 안전관리 5점, 조리기술 30점, 작품의 평가 15점입니다.

❽ 시험 시작 전 가벼운 몸풀기(스트레칭) 동작으로 긴장을 풀고 시험을 시작합니다.

지급 재료

부추(중국부추(호부추)) 120g, 돼지등심(살코기) 50g, 달걀 1개, 청주 15㎖, 소금(정제염) 5g, 참기름 5㎖, 식용유 100㎖, 녹말가루(감자전분) 30g

만드는 방법

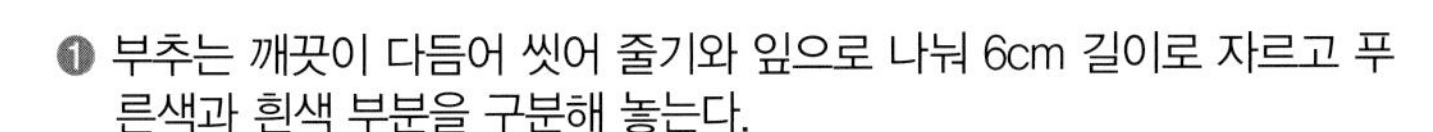

❶ 부추는 깨끗이 다듬어 씻어 줄기와 잎으로 나눠 6cm 길이로 자르고 푸른색과 흰색 부분을 구분해 놓는다.

❷ 돼지고기는 얇게 저민 다음 결대로 길이 6cm, 두께 0.3cm로 채를 썬 다음 소금, 청주로 밑간을 하고 달걀흰자와 녹말가루를 넣어 버무린다.

❸ 팬을 달군 후 기름을 두르고 돼지고기는 달라붙지 않도록 젓가락으로 풀어주면서 볶는다.

❹ 팬을 달군 후 기름을 두르고 부추 줄기 부분(흰 부분)을 넣어 먼저 볶다가 부추잎 부분을 넣어 재빨리 볶아 소금으로 간을 한다.

❺ 볶아놓은 돼지고기를 넣어 섞으면서 참기름을 넣어 담아낸다.

Tip

- 부추는 오래 볶으면 숨이 죽고 물기가 생기므로 빨리 볶는다.
- 돼지고기는 결대로 최대한 얇게 썰어야 작품에 완성도가 높다.

양장피잡채 炒肉兩張皮 / chǎo ròu liǎng zhāng pí

차오 유 리양(량) 장(지양) 피

시험시간 35분

요구사항

※ 주어진 재료를 사용하여 다음과 같이 양장피잡채를 만드시오.

㉮ 양장피는 4cm로 하시오.

㉯ 고기와 채소는 5cm 길이의 채를 써시오.

㉰ 겨자는 숙성시켜 사용하시오.

㉱ 볶은 재료와 볶지 않는 재료의 분별에 유의하여 담아내시오.

수험자 유의사항

❶ 만드는 순서에 유의하며, 위생과 숙련된 기능평가를 위하여 조리작업 시 맛을 보지 않습니다.

❷ 지정된 수험자 지참준비물 이외의 조리기구나 재료를 시험장 내에 지참할 수 없습니다.

❸ 지급재료는 시험 전 확인하여 이상이 있을 경우 시험위원으로부터 조치를 받고 시험 중에는 재료의 교환 및 추가지급은 하지 않습니다.

❹ 요구사항 및 지급재료의 규격은 "정도"의 의미를 포함하며, 재료의 크기에 따라 가감하여 채점됩니다.

❺ 위생복, 위생모, 앞치마, 마스크를 착용하여야 하며, 시험장비 · 조리기구 취급 등 안전에 유의합니다.

❻ 다음 사항은 실격에 해당하여 채점대상에서 제외됩니다.

㉮ 수험자 본인이 시험 도중 시험에 대한 포기 의사를 표현하는 경우

㉯ 위생복, 위생모, 앞치마, 마스크를 착용하지 않은 경우

㉰ 시험시간 내에 과제 두 가지를 제출하지 못한 경우

㉱ 문제의 요구사항대로 과제의 수량이 만들어지지 않은 경우

㉲ 완성품을 요구사항의 과제(요리)가 아닌 다른 요리(예, 달걀말이 → 달걀찜)로 만든 경우

㉳ 불을 사용하여 만든 조리작품이 작품특성에 벗어나는 정도로 타거나 익지 않은 경우

㉴ 해당 과제의 지급재료 이외 재료를 사용하거나 요구사항의 조리기구(석쇠 등)로 완성품을 조리하지 않은 경우

㉵ 지정된 수험자 지참준비물 이외의 조리기술에 영향을 줄 수 있는 기구를 사용한 경우

㉶ 가스레인지 화구 2개 이상(2개 포함) 사용한 경우

㉷ 시험 중 시설 · 장비(칼, 가스레인지 등) 사용 시 시험위원 및 타 수험자의 시험 진행에 위해를 일으킬 것으로 시험위원 전원이 합의하여 판단한 경우

㉸ 요구사항에 표시된 실격 및 부정행위에 해당하는 경우

❼ 항목별 배점은 위생상태 및 안전관리 5점, 조리기술 30점, 작품의 평가 15점입니다.

❽ 시험 시작 전 가벼운 몸풀기(스트레칭) 동작으로 긴장을 풀고 시험을 시작합니다.

지급 재료

양장피 1/2장, 돼지등심(살코기) 50g, 양파(중, 150g) 1/2개, 조선부추 30g, 건목이버섯 1개, 당근(길이로 썰어서) 50g, 오이(가늘고 곧은 것, 길이 20cm) 1/3개, 달걀 1개, 진간장 5㎖, 참기름 5㎖, 겨자 10g, 식초 50㎖, 백설탕 30g, 식용유 20㎖, 작은 새우살 50g, 갑오징어살(오징어 대체 가능) 50g, 건해삼(불린 것) 60g, 소금(정제염) 3g

만드는 방법

❶ 겨자는 그릇에 담아 따뜻한 물에 개어서 물이 끓는 냄비의 뚜껑 위에 엎어 10분 정도 숙성시킨다.

❷ 목이버섯은 미지근한 물에 불린다.

❸ 양장피는 따뜻한 물에 불려 부드러워지면 찬물에 헹군다.

❹ 물기를 제거한 양장피는 4cm 크기로 잘라 간장과 참기름으로 버무려서 밑간을 한다.

❺ 오이는 소금으로 문질러 씻어 돌려깎기하여 길이 5cm 두께 0.3cm로 썰고 부추는 줄기와 잎부분을 나누어 가지런히 자르고 당근, 양파, 목이버섯도 손질하여 채 썰고 생강은 다져 준비한다.

❻ 갑오징어는 껍질을 벗겨 내장 쪽에 세로 0.3cm 간격으로 칼집을 넣고 5cm 길이로 잘라 가로 방향으로 칼집을 넣어주고 두 번째에 잘라 끓는 물에 데쳐 넣어 식힌다.

❼ 새우살은 내장을 빼서 끓는 물에 데쳐 식히고, 해삼도 끓는 물에 데쳐 찬물에 담가 식혀 길이 5cm, 두께 0.3cm 크기로 채 썬다.

❽ 발효된 겨자를 가지고 겨자소스를 만들어 준비한다.

❾ 돼지고기는 5cm 길이로 채 썰어 간장, (생강) 다진 것을 넣고 달걀 흰자 약간과 전분을 넣고 밑간한다.

❿ 팬에 식용유를 두르고 황백지단을 부쳐 길이 5cm, 폭과 두께 0.3cm 크기로 채 썬다.

⓫ 팬을 달군 후 식용유를 두르고 (생강, 대파) 돼지고기채, 양파채, 목이버섯채, 부추줄기, 부추잎을 넣어 볶다가 소금간을 하고 참기름을 넣어 준비한다.

⓬ 완성된 그릇에 오이, 당근, 황백지단, 새우살, 갑오징어, 해삼을 색깔별로 돌려 담고, 가운데 양장피를 깔고 볶아 놓은 재료를 올린 후 겨자소스를 뿌려낸다.(곁들이기도 한다.)

Tip

- 양장피는 시간이 많이 소요되기에 시간 안배를 하며 조리한다.
- 접시에 담을 때에도 색상, 여백, 위생 등을 고려하여 조리한다.

채소볶음 炒蔬菜 / sù shí jǐn
추 쓰 찐

시험시간 25분

요구사항

※ 주어진 재료를 사용하여 다음과 같이 채소볶음을 만드시오.

㉮ 모든 채소는 길이 4cm의 편으로 써시오.

㉯ 대파, 마늘, 생강을 제외한 모든 채소는 끓는 물에 살짝 데쳐서 사용하시오.

수험자 유의사항

❶ 만드는 순서에 유의하며, 위생과 숙련된 기능평가를 위하여 조리작업 시 맛을 보지 않습니다.

❷ 지정된 수험자 지참준비물 이외의 조리기구나 재료를 시험장 내에 지참할 수 없습니다.

❸ 지급재료는 시험 전 확인하여 이상이 있을 경우 시험위원으로부터 조치를 받고 시험 중에는 재료의 교환 및 추가지급은 하지 않습니다.

❹ 요구사항 및 지급재료의 규격은 "정도"의 의미를 포함하며, 재료의 크기에 따라 가감하여 채점됩니다.

❺ 위생복, 위생모, 앞치마, 마스크를 착용하여야 하며, 시험장비 · 조리기구 취급 등 안전에 유의합니다.

❻ 다음 사항은 실격에 해당하여 채점대상에서 제외됩니다.

㉮ 수험자 본인이 시험 도중 시험에 대한 포기 의사를 표현하는 경우

㉯ 위생복, 위생모, 앞치마, 마스크를 착용하지 않은 경우

㉰ 시험시간 내에 과제 두 가지를 제출하지 못한 경우

㉱ 문제의 요구사항대로 과제의 수량이 만들어지지 않은 경우

㉲ 완성품을 요구사항의 과제(요리)가 아닌 다른 요리(예, 달걀말이 → 달걀찜)로 만든 경우

㉳ 불을 사용하여 만든 조리작품이 작품특성에 벗어나는 정도로 타거나 익지 않은 경우

㉴ 해당 과제의 지급재료 이외 재료를 사용하거나 요구사항의 조리기구(석쇠 등)로 완성품을 조리하지 않은 경우

㉵ 지정된 수험자 지참준비물 이외의 조리기술에 영향을 줄 수 있는 기구를 사용한 경우

㉶ 가스레인지 화구 2개 이상(2개 포함) 사용한 경우

㉷ 시험 중 시설 · 장비(칼, 가스레인지 등) 사용 시 시험위원 및 타 수험자의 시험 진행에 위해를 일으킬 것으로 시험위원 전원이 합의하여 판단한 경우

㉸ 요구사항에 표시된 실격 및 부정행위에 해당하는 경우

❼ 항목별 배점은 위생상태 및 안전관리 5점, 조리기술 30점, 작품의 평가 15점입니다.

❽ 시험 시작 전 가벼운 몸풀기(스트레칭) 동작으로 긴장을 풀고 시험을 시작합니다.

지급 재료

청경채 1개, 대파(흰 부분 6cm) 1토막, 당근(길이로 썰어서) 50g, 죽순(통조림(whole), 고형분) 30g, 청피망(중, 75g) 1/3개, 건표고버섯(지름 5cm, 물에 불린 것) 2개, 식용유 45㎖, 소금(정제염) 5g, 진간장 5㎖, 청주 5㎖, 참기름 5㎖, 마늘(중, 깐 것) 1쪽, 흰 후춧가루 2g, 생강 5g, 셀러리 30g, 양송이(통조림(whole), 양송이 큰 것) 2개, 녹말가루(감자전분) 20g

만드는 방법

❶ 물을 넣고 끓여서 죽순은 데치고, 그릇에 표고버섯을 담아 불린다.

❷ 대파는 4cm 길이로 반을 갈라 심을 제거하고 1cm 크기로 썰고 마늘과 생강은 0.2cm 편으로 자른다.

❸ 아스파라거스는 4cm 길이로 자르고, 셀러리는 섬유질을 제거하고 청경채, 청피망과 같이 길이 4cm, 폭 1cm 크기로 자른다.

❹ 표고버섯은 기둥 떼고 당근, 죽순은 석회 제거하여 각각 길이 4cm, 폭 1cm 크기로 썰고, 양송이는 밑부분을 제거하고 잘라 준비한다.

❺ 끓는 물에 소금을 넣고 죽순, 표고버섯, 양송이, 당근, 셀러리, 청피망, 청경채, 아스파라거스를 데쳐내어 찬물로 헹구어 물기를 제거한다.

❻ 팬에 기름를 두르고 생강, 대파, 마늘을 볶고 당근, 죽순, 표고버섯, 양송이 순으로 넣어 볶다가 셀러리, 아스파라거스, 청피망, 청경채를 넣고 볶으면서 물(50cc)을 넣는다.

❼ 물이 끓으면 간장, 청주, 소금, 후추로 간을 하고 물전분을 넣어 농도를 맞추고 참기름을 넣어서 접시에 담아낸다.

Tip

- 채소는 끓는 물에 살짝 데쳐 빠르게 볶아야 색상이 퇴색하지 않는다.
- 베지테리언(Vegetarian)의 종류
  - Lacto-ovo Vegetarain : 달걀, 우유, 유제품 허용
  - Ovo Vegetarian : 달걀 허용
  - Lacto Vegetarian : 우유, 유제품 허용
  - Vegan : 완전 채식

마파두부 麻婆豆腐 / má pó dòu fu

마 포 또우 푸

시험시간 25분

요구사항

※ 주어진 재료를 사용하여 다음과 같이 마파두부를 만드시오.

㉮ 두부는 1.5cm의 주사위 모양으로 써시오.
㉯ 두부가 으깨어지지 않게 하시오.
㉰ 고추기름을 만들어 사용하시오.
㉱ 홍고추는 씨를 제거하고 0.5×0.5cm로 써시오.

수험자 유의사항

❶ 만드는 순서에 유의하며, 위생과 숙련된 기능평가를 위하여 조리 작업 시 맛을 보지 않습니다.
❷ 지정된 수험자 지참준비물 이외의 조리기구나 재료를 시험장 내에 지참할 수 없습니다.
❸ 지급재료는 시험 전 확인하여 이상이 있을 경우 시험위원으로부터 조치를 받고 시험 중에는 재료의 교환 및 추가지급은 하지 않습니다.
❹ 요구사항 및 지급재료의 규격은 "정도"의 의미를 포함하며, 재료의 크기에 따라 가감하여 채점됩니다.
❺ 위생복, 위생모, 앞치마, 마스크를 착용하여야 하며, 시험장비 · 조리기구 취급 등 안전에 유의합니다.
❻ 다음 사항은 실격에 해당하여 채점대상에서 제외됩니다.
  ㉮ 수험자 본인이 시험 도중 시험에 대한 포기 의사를 표현하는 경우
  ㉯ 위생복, 위생모, 앞치마, 마스크를 착용하지 않은 경우
  ㉰ 시험시간 내에 과제 두 가지를 제출하지 못한 경우
  ㉱ 문제의 요구사항대로 과제의 수량이 만들어지지 않은 경우
  ㉲ 완성품을 요구사항의 과제(요리)가 아닌 다른 요리(예, 달걀말이 → 달걀찜)로 만든 경우
  ㉳ 불을 사용하여 만든 조리작품이 작품특성에 벗어나는 정도로 타거나 익지 않은 경우
  ㉴ 해당 과제의 지급재료 이외 재료를 사용하거나 요구사항의 조리기구(석쇠 등)로 완성품을 조리하지 않은 경우
  ㉵ 지정된 수험자 지참준비물 이외의 조리기술에 영향을 줄 수 있는 기구를 사용한 경우
  ㉶ 가스레인지 화구 2개 이상(2개 포함) 사용한 경우
  ㉷ 시험 중 시설 · 장비(칼, 가스레인지 등) 사용 시 시험위원 및 타 수험자의 시험 진행에 위해를 일으킬 것으로 시험위원 전원이 합의하여 판단한 경우
  ㉸ 요구사항에 표시된 실격 및 부정행위에 해당하는 경우
❼ 항목별 배점은 위생상태 및 안전관리 5점, 조리기술 30점, 작품의 평가 15점입니다.
❽ 시험 시작 전 가벼운 몸풀기(스트레칭) 동작으로 긴장을 풀고 시험을 시작합니다.

지급 재료

두부 150g, 마늘(중, 깐 것) 2쪽, 생강 5g, 대파(흰 부분 6cm) 1토막, 홍고추(생) 1/2개, 두반장 10g, 검은 후춧가루 5g, 돼지등심(다진 살코기) 50g, 백설탕 5g, 녹말가루(감자전분) 15g, 참기름 5㎖, 식용유 60㎖, 진간장 10㎖, 고춧가루 15g

만드는 방법

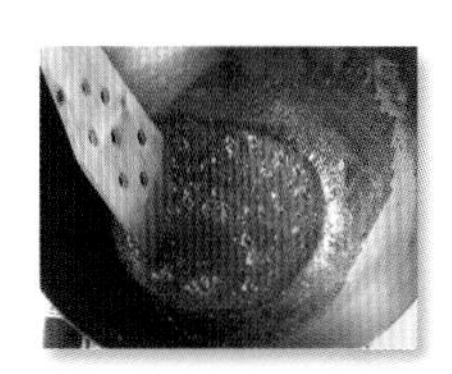

❶ 냄비에 물을 넣고 끓인다.

❷ 대파, 마늘과 생강은 작게 잘라 준비하고, (청고추), 홍고추는 반을 갈라 씨를 털어내고 0.5cm 크기로 작게 자른다.

❸ 두부는 1.5cm 크기의 주사위 모양으로 자른 다음 끓는 물에 데친 후 체에 밭쳐 물기를 제거한다.

❹ 돼지고기는 핏물을 제거하고 곱게 다진다.

❺ 팬을 달군 후 기름을 두르고 고추가루를 넣고 약불에서 볶아 고운체에 걸러 고추기름을 만든다.

❻ 전분과 물을 1 : 1로 혼합하여 물전분을 만든다.

❼ 팬을 달군 다음 고추 기름을 두르고 마늘, 생강, 대파, (청고추), 홍고추를 넣어 향이 나게 볶다가 돼지고기를 넣고 청주와 간장을 넣어 밑간을 한다.

❽ 물(육수)을 넣어 끓기 시작하면 두반장, 설탕, 후추와 두부를 넣고 물전분을 조금씩 넣어 걸쭉하게 농도를 낸 후 참기름을 넣어 그릇에 담아낸다.

Tip

- 고추기름을 만들 때 기름 온도가 너무 높으면 고춧가루가 탈 수 있으므로 중온에서 시작하여 고온으로 조리한다.
- 다진 돼지고기는 한 번 더 다져 볶을 때 붙는 현상을 방지한다.

홍쇼두부 紅燒豆腐 / hong shaō dòu fu

홍 샤오 또우 푸

시험시간 30분

요구사항

※ 주어진 재료를 사용하여 다음과 같이 홍쇼두부를 만드시오.

㉮ 두부는 가로와 세로 5cm, 두께 1cm의 삼각형 크기로 써시오.

㉯ 채소는 편으로 써시오.

㉰ 두부는 으깨어지거나 붙지 않게 하고 갈색이 나도록 하시오.

수험자 유의사항

❶ 만드는 순서에 유의하며, 위생과 숙련된 기능평가를 위하여 조리작업 시 맛을 보지 않습니다.

❷ 지정된 수험자 지참준비물 이외의 조리기구나 재료를 시험장 내에 지참할 수 없습니다.

❸ 지급재료는 시험 전 확인하여 이상이 있을 경우 시험위원으로부터 조치를 받고 시험 중에는 재료의 교환 및 추가지급은 하지 않습니다.

❹ 요구사항 및 지급재료의 규격은 "정도"의 의미를 포함하며, 재료의 크기에 따라 가감하여 채점됩니다.

❺ 위생복, 위생모, 앞치마, 마스크를 착용하여야 하며, 시험장비 · 조리기구 취급 등 안전에 유의합니다.

❻ 다음 사항은 실격에 해당하여 채점대상에서 제외됩니다.

㉮ 수험자 본인이 시험 도중 시험에 대한 포기 의사를 표현하는 경우

㉯ 위생복, 위생모, 앞치마, 마스크를 착용하지 않은 경우

㉰ 시험시간 내에 과제 두 가지를 제출하지 못한 경우

㉱ 문제의 요구사항대로 과제의 수량이 만들어지지 않은 경우

㉲ 완성품을 요구사항의 과제(요리)가 아닌 다른 요리(예, 달걀말이 → 달걀찜)로 만든 경우

㉳ 불을 사용하여 만든 조리작품이 작품특성에 벗어나는 정도로 타거나 익지 않은 경우

㉴ 해당 과제의 지급재료 이외 재료를 사용하거나 요구사항의 조리기구(석쇠 등)로 완성품을 조리하지 않은 경우

㉵ 지정된 수험자 지참준비물 이외의 조리기술에 영향을 줄 수 있는 기구를 사용한 경우

㉶ 가스레인지 화구 2개 이상(2개 포함) 사용한 경우

㉷ 시험 중 시설 · 장비(칼, 가스레인지 등) 사용 시 시험위원 및 타 수험자의 시험 진행에 위해를 일으킬 것으로 시험위원 전원이 합의하여 판단한 경우

㉸ 요구사항에 표시된 실격 및 부정행위에 해당하는 경우

❼ 항목별 배점은 위생상태 및 안전관리 5점, 조리기술 30점, 작품의 평가 15점입니다.

❽ 시험 시작 전 가벼운 몸풀기(스트레칭) 동작으로 긴장을 풀고 시험을 시작합니다.

지급 재료

두부 150g, 돼지등심(살코기) 50g, 건표고버섯(지름 5cm, 물에 불린 것) 1개, 죽순(통조림(whole), 고형분) 30g, 마늘(중, 깐 것) 2쪽, 생강 5g, 진간장 15㎖, 녹말가루(감자전분) 10g, 청주 5㎖, 참기름 5㎖, 식용유 500㎖, 청경채 1포기, 대파(흰 부분 6cm) 1토막, 홍고추(생) 1개, 양송이(통조림(whole), 양송이 큰 것) 1개, 달걀 1개

만드는 방법

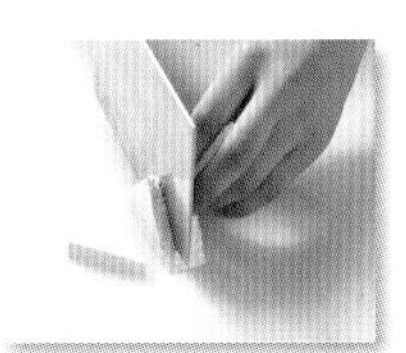

❶ 돼지고기는 넓이 3cm, 두께 0.2cm로 편으로 썬 다음 진간장, 청주로 밑간을 하고 달걀 흰자와 전분을 넣어 잘 버무려 놓는다.

❷ 두부는 사방 5cm 두께, 1cm 정도의 삼각형으로 썰어 소금을 뿌려 밑간을 하고 물기를 제거한다.

❸ 죽순은 석회질을 제거하고, 빗살 모양을 살려 길이 4cm, 폭 1cm 크기로 편 썰고, 표고버섯은 기둥을 떼어내고 길이 4cm, 폭 1cm로 자르고 청경채도 같은 크기로 썰며 양송이는 0.3cm 편으로 자른다.

❹ 냄비에 물을 끓여 청경채, 죽순, 표고버섯, 양송이를 데쳐낸다.

❺ 대파와 홍고추는 반으로 갈라 길이 4cm, 폭 1cm 크기로 편으로 자르고, 마늘과 생강도 편으로 자른다.

❻ 팬에 기름을 두르고 물기를 제거한 두부를 앞뒤로 노릇노릇하게 지져 낸다.

❼ ⑤에 두부를 건져내고 돼지고기를 기름을 넉넉히 두른 팬에 익혀낸다.

❽ 팬에 기름을 두르고 대파, 마늘, 생강을 넣고 볶다가 죽순, 표고, 양송이, 청경채 줄기, 홍고추를 넣고 진간장, 청주로 양념하고 물을 넣고 끓으면 물전분으로 농도 조절하면서 돼지고기와 두부를 넣은 후 참기름을 넣고 버무려 접시에 담아낸다.

Tip

• 두부의 유래

– 두부는 지금으로부터 2200년 전 한나라의 유안(劉安)이 저술한 『만필술(萬畢術)』에 제조 방법이 처음 기록되어 두부제조 시조를 회남왕 때로 보고 있다. 우리 문헌에서의 최초 기록은 고려말기 이색(李穡)의 문집인 『목은집』에 나와 있다.

깐풍기 乾烹鷄 / gān pēng jī
깐 펑 지

시험시간 30분

요구사항

※ 주어진 재료를 사용하여 다음과 같이 깐풍기를 만드시오.

㉮ 닭은 뼈를 발라낸 후 사방 3cm 사각형으로 써시오.

㉯ 닭을 튀기기 전에 튀김옷을 입히시오.

㉰ 채소는 0.5×0.5cm로 써시오.

수험자 유의사항

❶ 만드는 순서에 유의하며, 위생과 숙련된 기능평가를 위하여 조리 작업 시 맛을 보지 않습니다.

❷ 지정된 수험자 지참준비물 이외의 조리기구나 재료를 시험장 내에 지참할 수 없습니다.

❸ 지급재료는 시험 전 확인하여 이상이 있을 경우 시험위원으로부터 조치를 받고 시험 중에는 재료의 교환 및 추가지급은 하지 않습니다.

❹ 요구사항 및 지급재료의 규격은 "정도"의 의미를 포함하며, 재료의 크기에 따라 가감하여 채점됩니다.

❺ 위생복, 위생모, 앞치마, 마스크를 착용하여야 하며, 시험장비 · 조리기구 취급 등 안전에 유의합니다.

❻ 다음 사항은 실격에 해당하여 채점대상에서 제외됩니다.

㉮ 수험자 본인이 시험 도중 시험에 대한 포기 의사를 표현하는 경우

㉯ 위생복, 위생모, 앞치마, 마스크를 착용하지 않은 경우

㉰ 시험시간 내에 과제 두 가지를 제출하지 못한 경우

㉱ 문제의 요구사항대로 과제의 수량이 만들어지지 않은 경우

㉲ 완성품을 요구사항의 과제(요리)가 아닌 다른 요리(예, 달걀말이 → 달걀찜)로 만든 경우

㉳ 불을 사용하여 만든 조리작품이 작품특성에 벗어나는 정도로 타거나 익지 않은 경우

㉴ 해당 과제의 지급재료 이외 재료를 사용하거나 요구사항의 조리기구(석쇠 등)로 완성품을 조리하지 않은 경우

㉵ 지정된 수험자 지참준비물 이외의 조리기술에 영향을 줄 수 있는 기구를 사용한 경우

㉶ 가스레인지 화구 2개 이상(2개 포함) 사용한 경우

㉷ 시험 중 시설 · 장비(칼, 가스레인지 등) 사용 시 시험위원 및 타 수험자의 시험 진행에 위해를 일으킬 것으로 시험위원 전원이 합의하여 판단한 경우

㉸ 요구사항에 표시된 실격 및 부정행위에 해당하는 경우

❼ 항목별 배점은 위생상태 및 안전관리 5점, 조리기술 30점, 작품의 평가 15점입니다.

❽ 시험 시작 전 가벼운 몸풀기(스트레칭) 동작으로 긴장을 풀고 시험을 시작합니다.

지급 재료

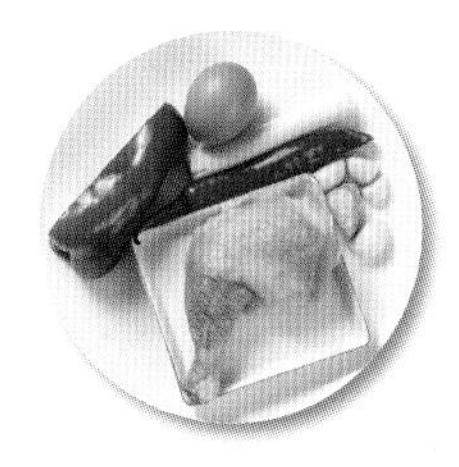

닭다리(한 마리(1.2kg), 허벅지살 포함 반 마리 지급 가능) 1개, 진간장 15㎖, 검은 후춧가루 1g, 청주 15㎖, 달걀 1개, 백설탕 15g, 녹말가루(감자전분) 100g, 식초 15㎖, 마늘(중, 깐 것) 3쪽, 대파(흰 부분 6cm) 2토막, 청피망(중, 75g) 1/4개, 홍고추(생) 1/2개, 생강 5g, 참기름 5㎖, 식용유 800㎖, 소금(정제염) 10g

만드는 방법

❶ 닭은 깨끗이 손질하여 물기를 닦고, 뼈를 발라낸 다음 닭고기는 4cm 크기로 네모지게 잘라 간장, 소금, 청주, 후춧가루로 밑간을 한다.

❷ 마늘, 생강은 0.5cm로 썰고 대파는 반을 갈라서 0.5cm 크기로 자른다.

❸ 청피망과 홍고추, 건고추는 꼭지와 씨를 제거하고 사방 0.5cm 크기로 자른다.

❹ 깐풍기 소스를 만든다.

❺ 닭고기에 달걀과 전분을 넣고 버무려 170도의 기름에 한 번 튀기고 두 번 튀길 때는 처음보다 높은 온도 180~190도 정도에서 바싹하게 한 번 더 튀겨낸다.

❻ 팬에 기름을 두르고 열이 오르면 건고추, 홍고추를 넣어 볶다가 마늘, 생강, 대파, 청피망을 넣고 재빨리 볶아 향을 낸 다음 깐풍기 소스를 부어 끓인다.

❼ 소스가 끓으면 튀긴 닭을 넣어 강한 불에서 국물 없이 조려 참기름을 넣어 접시에 담아낸다.

Tip

- 튀길 때 모양을 잡게 동그랗게 튀기면 완성도가 높다.
- 깐풍기는 소스가 많지 않게 습열 조리하는 요리이다.

라조기 辣椒鷄 / là jiāo jī

라 지아오(자오) 지

시험시간 30분

요구사항

※ 주어진 재료를 사용하여 다음과 같이 라조기를 만드시오.

㉮ 닭은 뼈를 발라낸 후 5×1cm의 길이로 써시오.

㉯ 채소는 5×2cm의 길이로 써시오.

수험자 유의사항

❶ 만드는 순서에 유의하며, 위생과 숙련된 기능평가를 위하여 조리작업 시 맛을 보지 않습니다.

❷ 지정된 수험자 지참준비물 이외의 조리기구나 재료를 시험장 내에 지참할 수 없습니다.

❸ 지급재료는 시험 전 확인하여 이상이 있을 경우 시험위원으로부터 조치를 받고 시험 중에는 재료의 교환 및 추가지급은 하지 않습니다.

❹ 요구사항 및 지급재료의 규격은 "정도"의 의미를 포함하며, 재료의 크기에 따라 가감하여 채점됩니다.

❺ 위생복, 위생모, 앞치마, 마스크를 착용하여야 하며, 시험장비 · 조리기구 취급 등 안전에 유의합니다.

❻ 다음 사항은 실격에 해당하여 채점대상에서 제외됩니다.

㉮ 수험자 본인이 시험 도중 시험에 대한 포기 의사를 표현하는 경우

㉯ 위생복, 위생모, 앞치마, 마스크를 착용하지 않은 경우

㉰ 시험시간 내에 과제 두 가지를 제출하지 못한 경우

㉱ 문제의 요구사항대로 과제의 수량이 만들어지지 않은 경우

㉲ 완성품을 요구사항의 과제(요리)가 아닌 다른 요리(예, 달걀말이 → 달걀찜)로 만든 경우

㉳ 불을 사용하여 만든 조리작품이 작품특성에 벗어나는 정도로 타거나 익지 않은 경우

㉴ 해당 과제의 지급재료 이외 재료를 사용하거나 요구사항의 조리기구(석쇠 등)로 완성품을 조리하지 않은 경우

㉵ 지정된 수험자 지참준비물 이외의 조리기술에 영향을 줄 수 있는 기구를 사용한 경우

㉶ 가스레인지 화구 2개 이상(2개 포함) 사용한 경우

㉷ 시험 중 시설 · 장비(칼, 가스레인지 등) 사용 시 시험위원 및 타 수험자의 시험 진행에 위해를 일으킬 것으로 시험위원 전원이 합의하여 판단한 경우

㉸ 요구사항에 표시된 실격 및 부정행위에 해당하는 경우

❼ 항목별 배점은 위생상태 및 안전관리 5점, 조리기술 30점, 작품의 평가 15점입니다.

❽ 시험 시작 전 가벼운 몸풀기(스트레칭) 동작으로 긴장을 풀고 시험을 시작합니다.

지급 재료

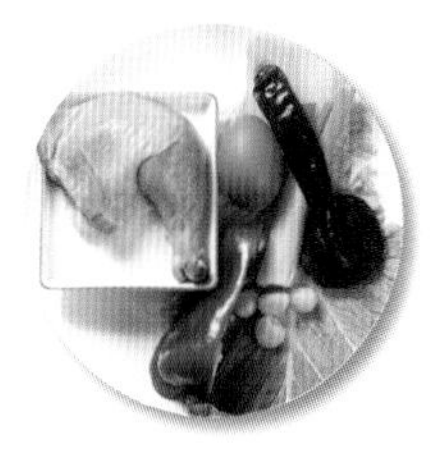

닭다리(한 마리 1.2kg, 허벅지살 포함 반 마리 지급 가능) 1개, 죽순(통조림(whole), 고형분) 50g, 건표고버섯(지름 5cm, 물에 불린 것) 1개, 홍고추(건) 1개, 양송이(통조림(whole), 양송이 큰 것) 1개, 청피망(중, 75g) 1/3개, 청경채 1포기, 생강 5g, 대파(흰 부분 6cm) 2토막, 마늘(중, 깐 것) 1쪽, 달걀 1개, 진간장 30㎖, 소금(정제염) 5g, 청주 15㎖, 녹말가루(감자전분) 100g, 고추기름 10㎖, 식용유 900㎖, 검은 후춧가루 1g

만드는 방법

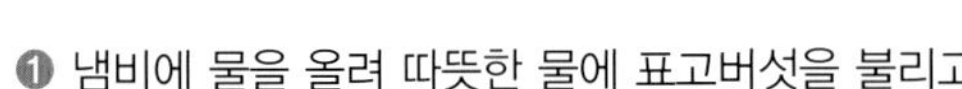

❶ 냄비에 물을 올려 따뜻한 물에 표고버섯을 불리고 죽순은 석회질을 제거한다.

❷ 닭은 뼈를 발라낸 후 손질하여 길이 4~5cm, 폭 1cm로 잘라서 간장 1Ts, 후추, 청주, 후추를 첨가하고 달걀과 전분을 넣고 밑간을 한다.

❸ 대파는 반으로 갈라 길이 4cm, 폭 2cm 크기로 자르고, 마늘, 생강은 얇게 편으로 자르고, 표고버섯은 기둥을 떼어 폭 2cm로 칼을 눕혀 저미며, 양송이는 꼭지를 제거하고 0.3cm 두께로 자른다. 죽순은 길이 4cm, 폭 2cm 크기로 자른다.

❹ 건고추는 0.3cm 크기로 썰고, 청피망은 반으로 갈라서 씨를 제거하여 길이 4cm, 폭 2cm 크기로 썰며 청경채도 같은 크기로 썬다.

❺ 닭은 튀김 냄비에 기름을 넣고 160도 정도에서 한 번 바싹하게 튀기고 두 번째는 170~180도 정도의 온도에서 바싹 튀겨낸다.

❻ 팬에 고추기름을 두르고 건고추, 생강, 마늘, 대파를 넣고 볶다가 죽순, 표고, 양송이, 청경채, 청피망을 넣고 간장과 청주를 넣고 볶으면서 준비된 라조기 소스를 부어 끓으면 물전분을 조금씩 넣어 농도를 맞추어 튀긴 닭을 넣고 참기름을 약간 넣고 버무려 접시에 담아낸다.

Tip

- 辣椒는 매운 고추를 의미한다.
- 물전분은 물을 제거하여 농도 높은 전분으로 밑반죽한다.

난자완스 南煎丸子 / nán jiān wān zi

난 찌안 완 쯔

시험시간 25분

요구사항

※ 주어진 재료를 사용하여 다음과 같이 난자완스를 만드시오.

㉮ 완자는 지름 4cm로 둥글고 납작하게 만드시오.

㉯ 완자는 손이나 수저로 하나씩 떼어 팬에서 모양을 만드시오.

㉰ 채소는 4cm 크기의 편으로 써시오.(단, 대파는 3cm 크기)

㉱ 완자는 갈색이 나도록 하시오.

수험자 유의사항

❶ 만드는 순서에 유의하며, 위생과 숙련된 기능평가를 위하여 조리작업 시 맛을 보지 않습니다.

❷ 지정된 수험자 지참준비물 이외의 조리기구나 재료를 시험장 내에 지참할 수 없습니다.

❸ 지급재료는 시험 전 확인하여 이상이 있을 경우 시험위원으로부터 조치를 받고 시험 중에는 재료의 교환 및 추가지급은 하지 않습니다.

❹ 요구사항 및 지급재료의 규격은 "정도"의 의미를 포함하며, 재료의 크기에 따라 가감하여 채점됩니다.

❺ 위생복, 위생모, 앞치마, 마스크를 착용하여야 하며, 시험장비 · 조리기구 취급 등 안전에 유의합니다.

❻ 다음 사항은 실격에 해당하여 채점대상에서 제외됩니다.

㉮ 수험자 본인이 시험 도중 시험에 대한 포기 의사를 표현하는 경우

㉯ 위생복, 위생모, 앞치마, 마스크를 착용하지 않은 경우

㉰ 시험시간 내에 과제 두 가지를 제출하지 못한 경우

㉱ 문제의 요구사항대로 과제의 수량이 만들어지지 않은 경우

㉲ 완성품을 요구사항의 과제(요리)가 아닌 다른 요리(예, 달걀말이 → 달걀찜)로 만든 경우

㉳ 불을 사용하여 만든 조리작품이 작품특성에 벗어나는 정도로 타거나 익지 않은 경우

㉴ 해당 과제의 지급재료 이외 재료를 사용하거나 요구사항의 조리기구(석쇠 등)로 완성품을 조리하지 않은 경우

㉵ 지정된 수험자 지참준비물 이외의 조리기술에 영향을 줄 수 있는 기구를 사용한 경우

㉶ 가스레인지 화구 2개 이상(2개 포함) 사용한 경우

㉷ 시험 중 시설 · 장비(칼, 가스레인지 등) 사용 시 시험위원 및 타 수험자의 시험 진행에 위해를 일으킬 것으로 시험위원 전원이 합의하여 판단한 경우

㉸ 요구사항에 표시된 실격 및 부정행위에 해당하는 경우

❼ 항목별 배점은 위생상태 및 안전관리 5점, 조리기술 30점, 작품의 평가 15점입니다.

❽ 시험 시작 전 가벼운 몸풀기(스트레칭) 동작으로 긴장을 풀고 시험을 시작합니다.

지급 재료 

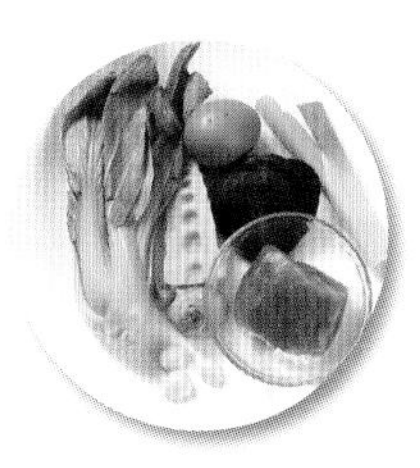

돼지등심(다진 살코기) 200g, 마늘(중, 깐 것) 2쪽, 대파(흰 부분 6cm) 1토막, 소금(정제염) 3g, 달걀 1개, 녹말가루(감자전분) 50g, 죽순(통조림(whole), 고형분) 50g, 건표고버섯(지름 5cm, 물에 불린 것) 2개, 생강 5g, 검은 후춧가루 1g, 청경채 1포기, 진간장 15㎖, 청주 20㎖, 참기름 5㎖, 식용유 800㎖

만드는 방법 

❶ 냄비에 물을 넣고 목이버섯과 표고버섯은 따뜻한 물에 불리고 죽순은 한 번 데쳐 준비한다.

❷ 대파, 마늘, 생강의 1/2는 다지고, 나머지 1/2는 편으로 썬다. (대파는 3cm 길이로 폭 1cm로 썬다.)

❸ 다진 고기에 다진 대파, 마늘, 생강즙, 청주, 소금, 후춧가루, 전분, 달걀을 넣어 양념을 하여 지름 4cm, 두께 0.4cm 크기로 둥글고 납작하게 빚어 기름 바른 접시 위에 놓는다.

❹ 죽순은 석회질을 제거하고 빗살무늬를 살려서 길이 4cm, 폭 2cm로 얇게 편 썰고, 표고버섯은 기둥을 떼내고 같은 크기로 편으로 썰며, 청경채도 죽순과 같은 크기로 썰어 살짝 데쳐 찬물에 헹군다.

❺ 팬에 기름을 충분히 넣어 앞 · 뒷면을 익도록 지져낸다.

❻ 팬에 기름을 두르고 편 썬 마늘, 생강, 대파를 볶다가 표고버섯, 죽순, 청경채를 넣어 재빨리 볶고 간장으로 밑간 양념하고 육수를 넣어 끓으면 나머지 양념을 하고 물전분을 조금씩 넣어 걸쭉해지면, 튀긴 완자를 넣고 골고루 섞은 다음 참기름을 두르고 접시에 담아낸다.

Tip

- 완자는 골고루 치대어야 성형이 편하고 또 팬에서 익으면서 으깨어지지 않으니 충분히 치대어야 한다.

경장육사 京醬肉絲 / jīng jiàng ròu sì

찡 찌앙 로우 쓰

시험시간 30분

요구사항

※ 주어진 재료를 사용하여 다음과 같이 경장육사를 만드시오.

㉮ 돼지고기는 길이 5cm의 얇은 채로 썰고, 기름에 익혀 사용하시오.

㉯ 춘장은 기름에 볶아서 사용하시오.

㉰ 대파 채는 길이 5cm로 어슷하게 채 썰어 매운맛을 빼고 접시에 담으시오.

수험자 유의사항

❶ 만드는 순서에 유의하며, 위생과 숙련된 기능평가를 위하여 조리작업 시 맛을 보지 않습니다.

❷ 지정된 수험자 지참준비물 이외의 조리기구나 재료를 시험장 내에 지참할 수 없습니다.

❸ 지급재료는 시험 전 확인하여 이상이 있을 경우 시험위원으로부터 조치를 받고 시험 중에는 재료의 교환 및 추가지급은 하지 않습니다.

❹ 요구사항 및 지급재료의 규격은 "정도"의 의미를 포함하며, 재료의 크기에 따라 가감하여 채점됩니다.

❺ 위생복, 위생모, 앞치마, 마스크를 착용하여야 하며, 시험장비 · 조리기구 취급 등 안전에 유의합니다.

❻ 다음 사항은 실격에 해당하여 채점대상에서 제외됩니다.

㉮ 수험자 본인이 시험 도중 시험에 대한 포기 의사를 표현하는 경우

㉯ 위생복, 위생모, 앞치마, 마스크를 착용하지 않은 경우

㉰ 시험시간 내에 과제 두 가지를 제출하지 못한 경우

㉱ 문제의 요구사항대로 과제의 수량이 만들어지지 않은 경우

㉲ 완성품을 요구사항의 과제(요리)가 아닌 다른 요리(예, 달걀말이 → 달걀찜)로 만든 경우

㉳ 불을 사용하여 만든 조리작품이 작품특성에 벗어나는 정도로 타거나 익지 않은 경우

㉴ 해당 과제의 지급재료 이외 재료를 사용하거나 요구사항의 조리기구(석쇠 등)로 완성품을 조리하지 않은 경우

㉵ 지정된 수험자 지참준비물 이외의 조리기술에 영향을 줄 수 있는 기구를 사용한 경우

㉶ 가스레인지 화구 2개 이상(2개 포함) 사용한 경우

㉷ 시험 중 시설 · 장비(칼, 가스레인지 등) 사용 시 시험위원 및 타 수험자의 시험 진행에 위해를 일으킬 것으로 시험위원 전원이 합의하여 판단한 경우

㉸ 요구사항에 표시된 실격 및 부정행위에 해당하는 경우

❼ 항목별 배점은 위생상태 및 안전관리 5점, 조리기술 30점, 작품의 평가 15점입니다.

❽ 시험 시작 전 가벼운 몸풀기(스트레칭) 동작으로 긴장을 풀고 시험을 시작합니다.

지급 재료

돼지등심(살코기) 150g, 죽순(통조림(whole), 고형분) 100g, 대파(흰 부분 6cm) 3토막, 달걀 1개, 춘장 50g, 식용유 300㎖, 백설탕 30g, 굴소스 30㎖, 청주 30㎖, 진간장 30㎖, 녹말가루(감자전분) 50g, 참기름 5㎖, 마늘(중, 깐 것) 1쪽, 생강 5g

만드는 방법

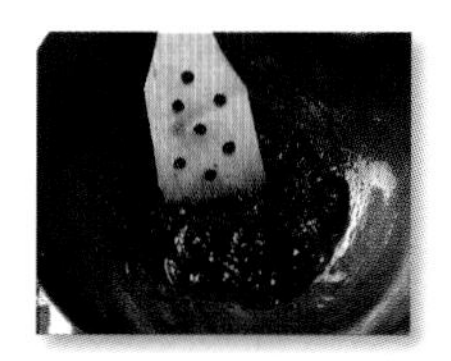

❶ 대파는 흰 부분만 길이 4~6cm로 썰어 반을 갈라 심을 제거하여 폭 0.2cm로 곱게 채 썰어 찬물에 담가 매운맛을 뺀다.

❷ 죽순은 4~6cm 길이로 채로 잘라 끓는 물에 데쳐 내고 마늘, 생강도 채 썰며 돼지고기도 길이 4~6cm, 두께 0.3cm로 채 썰어 청주와 간장, 달걀흰자와 전분을 넣고 골고루 섞어 준비한다.

❸ 팬에 춘장을 넣고 식용유를 충분히 넣어 타지 않도록 서서히 고소한 향이 날 때까지 볶아 준비한다.

❹ 팬을 달군 후 기름을 넣고 돼지고기는 젓가락으로 뭉치지 않게 풀어주면서 볶는다.

❺ 팬을 달군 후 기름을 넣고 마늘과 생강을 넣어 볶다가 볶은 춘장과 굴소스를 넣어 볶으면서 물을 붓고 끓으면 간장(1작은술), 청주(1큰술), 설탕(1큰술)으로 간을 하고 물전분을 조금씩 넣으며 농도를 맞춘다.

❻ 마지막으로 죽순과 돼지고기를 넣고 고루 섞은 후 참기름으로 맛을 낸다.

❼ 물기를 제거한 파채를 완성 접시에 깔고 그 위에 볶은 고기를 소복하게 담아낸다.

Tip

- 돼지고기는 결대로 최대한 얇게 썰어야 작품의 완성도가 높다.
- 춘장을 볶을 때에는 고온보다는 중온에서 잘 저어가며 기포, 향, 시간 등을 고려하며 볶아서 사용한다.

탕수육 糖醋肉 / táng cù ròu

탕 추 로우

시험시간 30분

요구사항

※ 주어진 재료를 사용하여 다음과 같이 탕수육을 만드시오.

㉮ 돼지고기는 길이를 4cm, 두께는 1cm의 긴 사각형 크기로 써시오.

㉯ 채소는 편으로 써시오.

㉰ 앙금녹말을 만들어 사용하시오.

㉱ 소스는 달콤하고 새콤한 맛이 나도록 만들어 돼지고기에 버무려 내시오.

수험자 유의사항

❶ 만드는 순서에 유의하며, 위생과 숙련된 기능평가를 위하여 조리작업 시 맛을 보지 않습니다.

❷ 지정된 수험자 지참준비물 이외의 조리기구나 재료를 시험장 내에 지참할 수 없습니다.

❸ 지급재료는 시험 전 확인하여 이상이 있을 경우 시험위원으로부터 조치를 받고 시험 중에는 재료의 교환 및 추가지급은 하지 않습니다.

❹ 요구사항 및 지급재료의 규격은 "정도"의 의미를 포함하며, 재료의 크기에 따라 가감하여 채점됩니다.

❺ 위생복, 위생모, 앞치마, 마스크를 착용하여야 하며, 시험장비 · 조리기구 취급 등 안전에 유의합니다.

❻ 다음 사항은 실격에 해당하여 채점대상에서 제외됩니다.

㉮ 수험자 본인이 시험 도중 시험에 대한 포기 의사를 표현하는 경우

㉯ 위생복, 위생모, 앞치마, 마스크를 착용하지 않은 경우

㉰ 시험시간 내에 과제 두 가지를 제출하지 못한 경우

㉱ 문제의 요구사항대로 과제의 수량이 만들어지지 않은 경우

㉲ 완성품을 요구사항의 과제(요리)가 아닌 다른 요리(예, 달걀말이 → 달걀찜)로 만든 경우

㉳ 불을 사용하여 만든 조리작품이 작품특성에 벗어나는 정도로 타거나 익지 않은 경우

㉴ 해당 과제의 지급재료 이외 재료를 사용하거나 요구사항의 조리기구(석쇠 등)로 완성품을 조리하지 않은 경우

㉵ 지정된 수험자 지참준비물 이외의 조리기술에 영향을 줄 수 있는 기구를 사용한 경우

㉶ 가스레인지 화구 2개 이상(2개 포함) 사용한 경우

㉷ 시험 중 시설 · 장비(칼, 가스레인지 등) 사용 시 시험위원 및 타 수험자의 시험 진행에 위해를 일으킬 것으로 시험위원 전원이 합의하여 판단한 경우

㉸ 요구사항에 표시된 실격 및 부정행위에 해당하는 경우

❼ 항목별 배점은 위생상태 및 안전관리 5점, 조리기술 30점, 작품의 평가 15점입니다.

❽ 시험 시작 전 가벼운 몸풀기(스트레칭) 동작으로 긴장을 풀고 시험을 시작합니다.

지급 재료 

돼지등심(살코기) 200g, 진간장 15㎖, 달걀 1개, 녹말가루(감자전분) 100g, 식용유 800㎖, 식초 50㎖, 백설탕 100g, 대파(흰 부분 6cm) 1토막, 당근(길이로 썰어서) 30g, 완두(통조림) 15g, 오이(가늘고 곧은 것(20cm), 원형으로 지급) 1/4개, 건목이버섯 1개, 양파(중, 150g) 1/4개, 청주 15㎖

만드는 방법

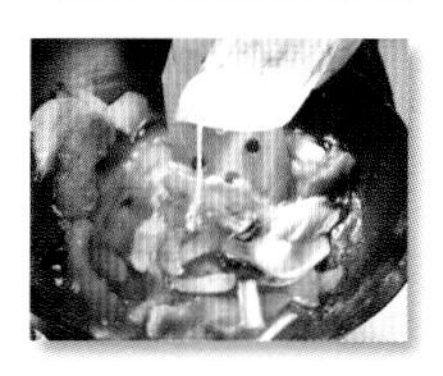

❶ 돼지고기는 길이 4cm, 두께 1cm 크기로 썰어 간장, 청주를 넣어 밑간을 한다.

❷ 당근과 오이는 모양내어 4cm 크기의 편으로 썰고, 양파도 속껍질만 편으로 썰고 대파는 반을 갈라 심을 제거한 후 4cm 크기로 편 썬다.

❸ 목이버섯은 미지근한 물에 불렸다가 씻어 손으로 찢어 둔다.

❹ 완두콩은 끓는 물에 데쳐 내어 찬물에 헹궈 물기를 제거한다.

❺ 튀기기 전에 달걀에 전분을 넣고 약간 되직하게 반죽해서 준비한다.

❻ 170도 온도가 오르면 고기를 넣고 두 번 정도 튀겨 바삭하게 한다.

❼ 팬에 기름을 두르고 대파를 볶은 후 당근, 목이버섯, 양파 순으로 볶다가 만들어 놓은 탕수 소스를 넣어 끓으면 물전분을 넣어 탕수 소스를 만든다.

❽ 소스가 걸쭉해지면 오이, 완두콩, 튀긴 고기를 넣어 버무린 후 완성하여 접시에 담아낸다.

Tip

- 탕수육의 유래
  - 탕수육은 아편전쟁 직후에 수세에 몰린 중국인이 영국인들의 비위를 맞추기 위하여 개발한 음식이라는 굴욕의 역사적 의미가 담겨 있다.
  - 1842년 청나라가 영국과의 강화조약을 체결함에 따라서 홍콩은 150년간 영국의 지배하에 놓이게 된다. 홍콩 등지에 많은 영국인들이 이주하였으나, 이들은 음식 문제로 불편을 겪게 되고 급기야 중국 측에 항의를 하게 된다. 그리하여 중국인들은 육식을 좋아하는 영국인의 입맛에 맞고 서투른 젓가락질로도 먹을 수 있는 요리를 개발하게 되었는데, 이것이 영국인들의 입맛에 맞춘 새콤하며 달콤한 탕수육이었던 것이다.

새우케첩볶음 番茄蝦仁 / fān qié xiā rén

판 지에 시아 쩐

시험시간 25분

요구사항

※ 주어진 재료를 사용하여 다음과 같이 새우케첩볶음을 만드시오.

㉮ 새우 내장을 제거하시오.

㉯ 당근과 양파는 1cm 크기의 사각으로 써시오.

수험자 유의사항

❶ 만드는 순서에 유의하며, 위생과 숙련된 기능평가를 위하여 조리작업 시 맛을 보지 않습니다.

❷ 지정된 수험자 지참준비물 이외의 조리기구나 재료를 시험장 내에 지참할 수 없습니다.

❸ 지급재료는 시험 전 확인하여 이상이 있을 경우 시험위원으로부터 조치를 받고 시험 중에는 재료의 교환 및 추가지급은 하지 않습니다.

❹ 요구사항 및 지급재료의 규격은 "정도"의 의미를 포함하며, 재료의 크기에 따라 가감하여 채점됩니다.

❺ 위생복, 위생모, 앞치마, 마스크를 착용하여야 하며, 시험장비 · 조리기구 취급 등 안전에 유의합니다.

❻ 다음 사항은 실격에 해당하여 채점대상에서 제외됩니다.

㉮ 수험자 본인이 시험 도중 시험에 대한 포기 의사를 표현하는 경우

㉯ 위생복, 위생모, 앞치마, 마스크를 착용하지 않은 경우

㉰ 시험시간 내에 과제 두 가지를 제출하지 못한 경우

㉱ 문제의 요구사항대로 과제의 수량이 만들어지지 않은 경우

㉲ 완성품을 요구사항의 과제(요리)가 아닌 다른 요리(예, 달걀말이 → 달걀찜)로 만든 경우

㉳ 불을 사용하여 만든 조리작품이 작품특성에 벗어나는 정도로 타거나 익지 않은 경우

㉴ 해당 과제의 지급재료 이외 재료를 사용하거나 요구사항의 조리기구(석쇠 등)로 완성품을 조리하지 않은 경우

㉵ 지정된 수험자 지참준비물 이외의 조리기술에 영향을 줄 수 있는 기구를 사용한 경우

㉶ 가스레인지 화구 2개 이상(2개 포함) 사용한 경우

㉷ 시험 중 시설 · 장비(칼, 가스레인지 등) 사용 시 시험위원 및 타 수험자의 시험 진행에 위해를 일으킬 것으로 시험위원 전원이 합의하여 판단한 경우

㉸ 요구사항에 표시된 실격 및 부정행위에 해당하는 경우

❼ 항목별 배점은 위생상태 및 안전관리 5점, 조리기술 30점, 작품의 평가 15점입니다.

❽ 시험 시작 전 가벼운 몸풀기(스트레칭) 동작으로 긴장을 풀고 시험을 시작합니다.

지급 재료

작은 새우살(내장이 있는 것) 200g, 진간장 15㎖, 달걀 1개, 녹말가루(감자전분) 100g, 토마토케첩 50g, 청주 30㎖, 당근(길이로 썰어서) 30g, 양파(중, 150g) 1/6개, 소금(정제염) 2g, 백설탕 10g, 식용유 800㎖, 생강 5g, 대파(흰 부분 6cm) 1토막, 이쑤시개 1개, 완두콩 10g

만드는 방법

❶ 새우는 이쑤시개로 등 쪽의 내장을 제거한 후 껍질을 벗겨내고 물에 씻어 물기를 제거하여 소금 청주로 밑간을 한다.

❷ 당근, 양파는 가로 · 세로 2cm로 썰고, 생강은 편으로 썰어주고 대파는 1cm 크기로 썬다.

❸ 완두콩은 끓는 물에 소금을 넣고 데쳐서 찬물에 헹구어 물기를 제거한다.

❹ 새우살에 달걀흰자와 전분을 혼합하여 흐르지 않을 정도의 튀김옷을 입혀 170도의 기름에 바싹하게 튀겨낸다.

❺ 팬에 기름을 두르고 생강과 대파를 볶아 향이 나면, 당근, 양파를 넣고 볶다가 토마토 케첩 소스를 넣는다.

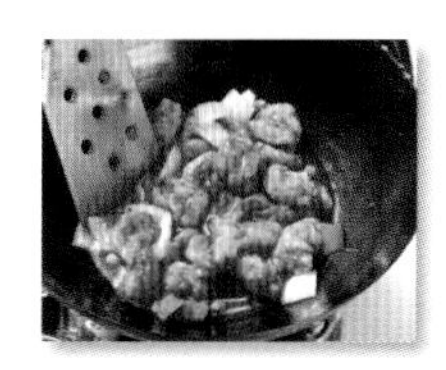

❻ 소스가 끓으면 물전분을 조금씩 풀어 넣어 농도가 걸쭉해지면 완두콩과 새우 튀긴 것을 넣어 버무려서 접시에 담아낸다.

Tip

- 케첩의 유래
  - 1960년 중국 광둥성과 푸젠성에서 케치압(ke-tsiap)이라고 발효된 어류로 만들었던 생선 소스에서 유래되었다. 맛과 향이 좋아 유럽까지 전파되었는데, 1800년 영국으로 건너간 케첩은 버섯 등의 재료를 첨가한 형태로 만들어졌다.
  - 현대인들에게 익숙한 토마토케첩은 1876년 하인즈의 창업주인 Henry J. Heinz가 케첩 소스를 상품화하면서 처음으로 대량생산하게 되었다.

빠스고구마 拔絲地瓜 / bá sī dì guā
빠 스 띠 꾸아

시험시간 25분

요구사항

※ 주어진 재료를 사용하여 다음과 같이 빠스고구마를 만드시오.

㉮ 고구마는 껍질을 벗기고 먼저 길게 4등분을 내고, 다시 4cm 길이의 다각형으로 돌려썰기 하시오.

㉯ 튀김이 바삭하게 되도록 하시오.

수험자 유의사항

❶ 만드는 순서에 유의하며, 위생과 숙련된 기능평가를 위하여 조리작업 시 맛을 보지 않습니다.

❷ 지정된 수험자 지참준비물 이외의 조리기구나 재료를 시험장 내에 지참할 수 없습니다.

❸ 지급재료는 시험 전 확인하여 이상이 있을 경우 시험위원으로부터 조치를 받고 시험 중에는 재료의 교환 및 추가지급은 하지 않습니다.

❹ 요구사항 및 지급재료의 규격은 "정도"의 의미를 포함하며, 재료의 크기에 따라 가감하여 채점됩니다.

❺ 위생복, 위생모, 앞치마, 마스크를 착용하여야 하며, 시험장비 · 조리기구 취급 등 안전에 유의합니다.

❻ 다음 사항은 실격에 해당하여 채점대상에서 제외됩니다.

㉮ 수험자 본인이 시험 도중 시험에 대한 포기 의사를 표현하는 경우

㉯ 위생복, 위생모, 앞치마, 마스크를 착용하지 않은 경우

㉰ 시험시간 내에 과제 두 가지를 제출하지 못한 경우

㉱ 문제의 요구사항대로 과제의 수량이 만들어지지 않은 경우

㉲ 완성품을 요구사항의 과제(요리)가 아닌 다른 요리(예, 달걀말이 → 달걀찜)로 만든 경우

㉳ 불을 사용하여 만든 조리작품이 작품특성에 벗어나는 정도로 타거나 익지 않은 경우

㉴ 해당 과제의 지급재료 이외 재료를 사용하거나 요구사항의 조리기구(석쇠 등)로 완성품을 조리하지 않은 경우

㉵ 지정된 수험자 지참준비물 이외의 조리기술에 영향을 줄 수 있는 기구를 사용한 경우

㉶ 가스레인지 화구 2개 이상(2개 포함) 사용한 경우

㉷ 시험 중 시설 · 장비(칼, 가스레인지 등) 사용 시 시험위원 및 타 수험자의 시험 진행에 위해를 일으킬 것으로 시험위원 전원이 합의하여 판단한 경우

㉸ 요구사항에 표시된 실격 및 부정행위에 해당하는 경우

❼ 항목별 배점은 위생상태 및 안전관리 5점, 조리기술 30점, 작품의 평가 15점입니다.

❽ 시험 시작 전 가벼운 몸풀기(스트레칭) 동작으로 긴장을 풀고 시험을 시작합니다.

지급 재료

고구마(300g) 1개, 식용유 1,000㎖, 백설탕 100g

만드는 방법

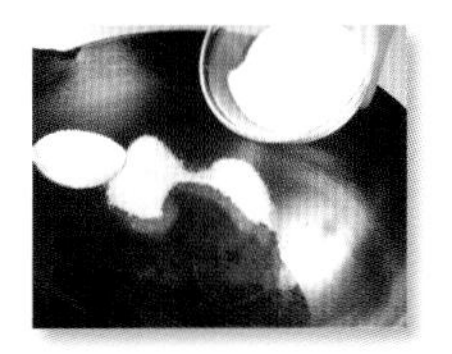

❶ 고구마는 껍질을 벗긴 후 길게 4등분을 내고 길이 4cm 정도의 다각형 모양으로 썰어서 돌려깎은 후 찬물에 담가 갈변 방지와 전분기를 제거한다.

❷ 고구마는 마른 면포자기로 물기를 제거하고, 기름 온도가 150~160도가 되면 넣고 연한 갈색이 되도록 튀긴다.

❸ 팬에 식용유 1큰술에 설탕 4큰술을 넣고 강한 불로 녹기 시작하면 약한 불에서 타지 않게 저으면서 설탕시럽을 연한 갈색이 되게 만든다.

❹ 갈색 시럽에 튀긴 고구마를 넣고 재빨리 버무리고 찬물을 2Ts 정도를 넣어 재빠르게 버무린다.

❺ 식용유를 바른 접시에 고구마탕을 하나씩 가느다란 실이 생기도록 높이 들어서 떼어 놓고 식으면 그릇에 담아낸다.

Tip

- 拔絲는 '실을 뽑다'라는 의미이다.
- 시럽을 만들 때 조금 넉넉하게 만들어 남은 시럽은 실을 뽑는다.

빠스옥수수 拔絲玉米 / bá sī yù mǐ

빠 스 위 미

시험시간 25분

요구사항

※ 주어진 재료를 사용하여 다음과 같이 빠스옥수수를 만드시오.

㉮ 완자의 크기를 지름 3cm 공 모양으로 하시오.

㉯ 땅콩은 다져 옥수수와 함께 버무려 사용하시오.

㉰ 설탕시럽은 타지 않게 만드시오.

㉱ 빠스옥수수는 6개 만드시오.

수험자 유의사항

❶ 만드는 순서에 유의하며, 위생과 숙련된 기능평가를 위하여 조리작업 시 맛을 보지 않습니다.

❷ 지정된 수험자 지참준비물 이외의 조리기구나 재료를 시험장 내에 지참할 수 없습니다.

❸ 지급재료는 시험 전 확인하여 이상이 있을 경우 시험위원으로부터 조치를 받고 시험 중에는 재료의 교환 및 추가지급은 하지 않습니다.

❹ 요구사항 및 지급재료의 규격은 "정도"의 의미를 포함하며, 재료의 크기에 따라 가감하여 채점됩니다.

❺ 위생복, 위생모, 앞치마, 마스크를 착용하여야 하며, 시험장비 · 조리기구 취급 등 안전에 유의합니다.

❻ 다음 사항은 실격에 해당하여 채점대상에서 제외됩니다.

㉮ 수험자 본인이 시험 도중 시험에 대한 포기 의사를 표현하는 경우

㉯ 위생복, 위생모, 앞치마, 마스크를 착용하지 않은 경우

㉰ 시험시간 내에 과제 두 가지를 제출하지 못한 경우

㉱ 문제의 요구사항대로 과제의 수량이 만들어지지 않은 경우

㉲ 완성품을 요구사항의 과제(요리)가 아닌 다른 요리(예, 달걀말이 → 달걀찜)로 만든 경우

㉳ 불을 사용하여 만든 조리작품이 작품특성에 벗어나는 정도로 타거나 익지 않은 경우

㉴ 해당 과제의 지급재료 이외 재료를 사용하거나 요구사항의 조리기구(석쇠 등)로 완성품을 조리하지 않은 경우

㉵ 지정된 수험자 지참준비물 이외의 조리기술에 영향을 줄 수 있는 기구를 사용한 경우

㉶ 가스레인지 화구 2개 이상(2개 포함) 사용한 경우

㉷ 시험 중 시설 · 장비(칼, 가스레인지 등) 사용 시 시험위원 및 타 수험자의 시험 진행에 위해를 일으킬 것으로 시험위원 전원이 합의하여 판단한 경우

㉸ 요구사항에 표시된 실격 및 부정행위에 해당하는 경우

❼ 항목별 배점은 위생상태 및 안전관리 5점, 조리기술 30점, 작품의 평가 15점입니다.

❽ 시험 시작 전 가벼운 몸풀기(스트레칭) 동작으로 긴장을 풀고 시험을 시작합니다.

지급 재료 

옥수수(통조림, 고형분) 120g, 땅콩 7알, 밀가루(중력분) 80g, 달걀 1개, 백설탕 50g, 식용유 500㎖

만드는 방법 

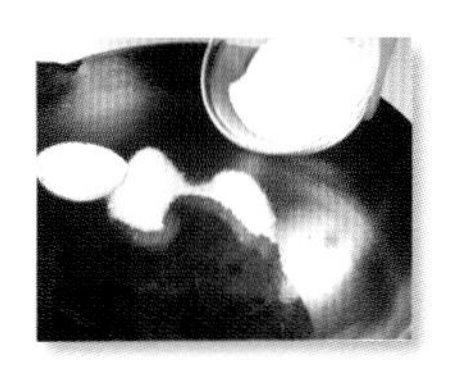

❶ 옥수수는 통조림은 체에 밭쳐 물기를 제거한 다음 도마에서 알맹이가 보이도록 굵게 다져준다.

❷ 땅콩은 껍질을 벗기고 입자가 보일 정도로 다져준다.

❸ 다진 옥수수와 땅콩, 달걀노른자 1/2, 밀가루 2~3Ts를 넣어 섞은 뒤 3cm 크기의 완자를 빚어준다.

❹ 팬에 기름의 온도가 150~160℃가 되면 옥수수 완자를 넣고 속이 익을 때까지 노릇하게 튀겨준다.

❺ 팬에 식용유 1Ts, 설탕 3Ts를 넣고 설탕이 녹으면서 투명해질 때까지 잘 섞어 갈색시럽을 만들어준다.

❻ 시럽에 튀긴 완자를 넣어 찬물을 약간 넣어 버무려 가느다란 실이 생기도록 하여 기름 바른 그릇에 담아 식힌 후 완성 접시에 담아낸다.

Tip

- 옥수수의 수분을 최대한 제거해야 성형이 잘 된다.
- 밀가루를 많이 넣으면 튀김색이 황금색으로 나오지 않으니 적당히 사용한다.
- 시럽을 만들 때 조금 넉넉하게 만들어 남은 시럽은 실을 뽑는다.

유니짜장면 肉泥炸醬麵 / ròuní zhá jiàng miàn

로우니 짜 지앙 미엔

시험시간 30분

요구사항

※ 주어진 재료를 사용하여 다음과 같이 유니짜장면을 만드시오.

㉮ 춘장은 기름에 볶아서 사용하시오.

㉯ 양파, 호박은 0.5×0.5cm 크기의 네모꼴로 써시오.

㉰ 중식면은 끓는 물에 삶아 찬물에 헹군 후 데쳐 사용하시오.

㉱ 삶은 면에 짜장소스를 부어 오이채를 올려내시오.

수험자 유의사항

❶ 만드는 순서에 유의하며, 위생과 숙련된 기능평가를 위하여 조리작업 시 맛을 보지 않습니다.

❷ 지정된 수험자 지참준비물 이외의 조리기구나 재료를 시험장 내에 지참할 수 없습니다.

❸ 지급재료는 시험 전 확인하여 이상이 있을 경우 시험위원으로부터 조치를 받고 시험 중에는 재료의 교환 및 추가지급은 하지 않습니다.

❹ 요구사항 및 지급재료의 규격은 "정도"의 의미를 포함하며, 재료의 크기에 따라 가감하여 채점됩니다.

❺ 위생복, 위생모, 앞치마, 마스크를 착용하여야 하며, 시험장비 · 조리기구 취급 등 안전에 유의합니다.

❻ 다음 사항은 실격에 해당하여 채점대상에서 제외됩니다.

㉮ 수험자 본인이 시험 도중 시험에 대한 포기 의사를 표현하는 경우

㉯ 위생복, 위생모, 앞치마, 마스크를 착용하지 않은 경우

㉰ 시험시간 내에 과제 두 가지를 제출하지 못한 경우

㉱ 문제의 요구사항대로 과제의 수량이 만들어지지 않은 경우

㉲ 완성품을 요구사항의 과제(요리)가 아닌 다른 요리(예, 달걀말이 → 달걀찜)로 만든 경우

㉳ 불을 사용하여 만든 조리작품이 작품특성에 벗어나는 정도로 타거나 익지 않은 경우

㉴ 해당 과제의 지급재료 이외 재료를 사용하거나 요구사항의 조리기구(석쇠 등)로 완성품을 조리하지 않은 경우

㉵ 지정된 수험자 지참준비물 이외의 조리기술에 영향을 줄 수 있는 기구를 사용한 경우

㉶ 가스레인지 화구 2개 이상(2개 포함) 사용한 경우

㉷ 시험 중 시설 · 장비(칼, 가스레인지 등) 사용 시 시험위원 및 타 수험자의 시험 진행에 위해를 일으킬 것으로 시험위원 전원이 합의하여 판단한 경우

㉸ 요구사항에 표시된 실격 및 부정행위에 해당하는 경우

❼ 항목별 배점은 위생상태 및 안전관리 5점, 조리기술 30점, 작품의 평가 15점입니다.

❽ 시험 시작 전 가벼운 몸풀기(스트레칭) 동작으로 긴장을 풀고 시험을 시작합니다.

지급 재료

돼지등심(다진 살코기) 50g, 중식면(생면) 150g, 춘장 50g, 양파(중, 150g) 1개, 호박(애호박) 50g, 오이(가늘고 곧은 것, 20cm) 1/4개, 생강 10g, 진간장 50㎖, 청주 50㎖, 소금 10g, 백설탕 20g, 녹말가루(감자전분) 50g, 식용유 100㎖, 참기름 10㎖

만드는 방법

❶ 양파와 호박은 0.5×0.5cm 정도의 네모꼴로 썰고, 생강은 곱게 다진다.

❷ 다진 돼지고기도 다시 한 번 다져 놓는다.

❸ 팬에 생짜장이 잠길 정도의 기름을 넣고, 기름이 뜨거워지면 생짜장을 넣어 타지 않게 저으면서 알맞게 튀겨 용기에 담아낸다.

❹ 다시 팬에 기름을 넣고 뜨거워지면 약간의 양파와 생강, 다진 고기를 넣고 볶다가 간장, 청주를 넣어 향을 낸다.

❺ 다진 고기가 익으면 다시 나머지 양파와 호박을 넣고 고루 볶아준다.

❻ 고기와 채소가 충분히 익으면 미리 튀겨낸 짜장을 넣고 소금, 설탕을 넣어 간을 한다.

❼ 짜장소스가 채소에 고루 묻어 볶아지면 여기에 육수를 적당히 붓고 물녹말을 걸쭉하게 푼 뒤 참기름을 약간 친다.

❽ 중화면은 끓는 물에 삶아 찬물에 헹군 뒤 다시 뜨거운 물에 데쳐서 그릇에 담아 짜장 소스를 붓고, 오이채를 썰어서 올려 낸다.

Tip

- 肉泥는 '진흙처럼 곱게 다진다'라는 의미이다.
- 炸醬麵에서 炸은 튀김을 의미하지만 여기서는 튀김보다는 '튀기듯이 볶는다'라는 의미이다.

울면 溫滷麵 / wnl miàn

온루 미엔

시험시간 30분

요구사항

※ **주어진 재료를 사용하여 다음과 같이 울면을 만드시오.**

㉮ 오징어, 대파, 양파, 당근, 배추잎은 6cm 길이로 채를 써시오.

㉯ 중식면은 끓는 물에 삶아 찬물에 헹군 후 데쳐 사용하시오.

㉰ 소스는 농도를 잘 맞춘 다음, 달걀을 풀 때 덩어리지지 않게 하시오.

수험자 유의사항

❶ 만드는 순서에 유의하며, 위생과 숙련된 기능평가를 위하여 조리작업 시 맛을 보지 않습니다.

❷ 지정된 수험자 지참준비물 이외의 조리기구나 재료를 시험장 내에 지참할 수 없습니다.

❸ 지급재료는 시험 전 확인하여 이상이 있을 경우 시험위원으로부터 조치를 받고 시험 중에는 재료의 교환 및 추가지급은 하지 않습니다.

❹ 요구사항 및 지급재료의 규격은 "정도"의 의미를 포함하며, 재료의 크기에 따라 가감하여 채점됩니다.

❺ 위생복, 위생모, 앞치마, 마스크를 착용하여야 하며, 시험장비 · 조리기구 취급 등 안전에 유의합니다.

❻ 다음 사항은 실격에 해당하여 채점대상에서 제외됩니다.

㉮ 수험자 본인이 시험 도중 시험에 대한 포기 의사를 표현하는 경우

㉯ 위생복, 위생모, 앞치마, 마스크를 착용하지 않은 경우

㉰ 시험시간 내에 과제 두 가지를 제출하지 못한 경우

㉱ 문제의 요구사항대로 과제의 수량이 만들어지지 않은 경우

㉲ 완성품을 요구사항의 과제(요리)가 아닌 다른 요리(예, 달걀말이 → 달걀찜)로 만든 경우

㉳ 불을 사용하여 만든 조리작품이 작품특성에 벗어나는 정도로 타거나 익지 않은 경우

㉴ 해당 과제의 지급재료 이외 재료를 사용하거나 요구사항의 조리기구(석쇠 등)로 완성품을 조리하지 않은 경우

㉵ 지정된 수험자 지참준비물 이외의 조리기술에 영향을 줄 수 있는 기구를 사용한 경우

㉶ 가스레인지 화구 2개 이상(2개 포함) 사용한 경우

㉷ 시험 중 시설 · 장비(칼, 가스레인지 등) 사용 시 시험위원 및 타 수험자의 시험 진행에 위해를 일으킬 것으로 시험위원 전원이 합의하여 판단한 경우

㉸ 요구사항에 표시된 실격 및 부정행위에 해당하는 경우

❼ 항목별 배점은 위생상태 및 안전관리 5점, 조리기술 30점, 작품의 평가 15점입니다.

❽ 시험 시작 전 가벼운 몸풀기(스트레칭) 동작으로 긴장을 풀고 시험을 시작합니다.

지급 재료

오징어(몸통) 50g, 작은 새우살 20g, 중식면(생면) 150g, 달걀 1개, 양파(중, 150g) 1/4개, 조선부추 10g, 대파(흰 부분 6cm) 1토막, 마늘(중, 깐 것) 3쪽, 당근(길이 6cm) 20g, 배춧잎(1/2잎) 20g, 건목이버섯 1개, 진간장 5㎖, 청주 30㎖, 소금 5g, 흰 후춧가루 3g, 녹말가루(감자전분) 20g, 참기름 5㎖

만드는 방법

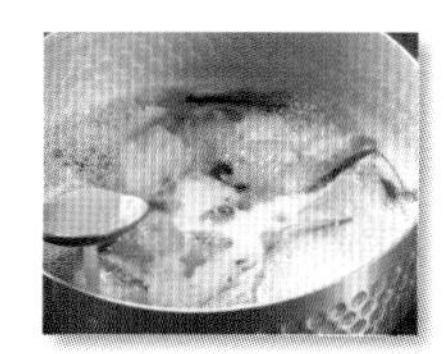

❶ 오징어, 대파, 양파, 당근, 배춧잎은 길이 6cm로 채 썬다.

❷ 마늘은 다지고 목이버섯은 물에 불려 4cm 크기로 뜯거나 썰고, 부추는 길이 6cm 정도로 썬다.

❸ 중화면은 끓는 물에 삶아 찬물에 헹군 뒤 다시 뜨거운 물에 데쳐 그릇에 담는다.

❹ 팬에 육수를 부어 간장, 청주를 넣고 끓으면 모든 재료를 넣은 뒤 소금 간을 한다.

❺ 육수가 끓으면 물녹말을 풀어 걸쭉하게 만들고 달걀을 푼다.

❻ 후추와 참기름을 넣어 소스를 완성한 뒤 면 위에 붓는다.

Tip

- 달걀은 꽃처럼 부드럽게 풀어야 하며 달걀을 넣고 살짝 익을 때 빠르게 저어가며 부드럽게 익혀낸다.

탕수생선살 糖醋魚塊 / táng cù yú kuài

탕 추 위 과이

시험시간 30분

요구사항

※ 주어진 재료를 사용하여 다음과 같이 탕수생선살을 만드시오.

㉮ 생선살은 1×4cm 크기로 썰어 사용하시오.

㉯ 채소는 편으로 썰어 사용하시오.

㉰ 소스는 달콤하고 새콤한 맛이 나도록 만들어 튀긴 생선에 버무려 내시오.

수험자 유의사항

❶ 만드는 순서에 유의하며, 위생과 숙련된 기능평가를 위하여 조리작업 시 맛을 보지 않습니다.

❷ 지정된 수험자 지참준비물 이외의 조리기구나 재료를 시험장 내에 지참할 수 없습니다.

❸ 지급재료는 시험 전 확인하여 이상이 있을 경우 시험위원으로부터 조치를 받고 시험 중에는 재료의 교환 및 추가지급은 하지 않습니다.

❹ 요구사항 및 지급재료의 규격은 "정도"의 의미를 포함하며, 재료의 크기에 따라 가감하여 채점됩니다.

❺ 위생복, 위생모, 앞치마, 마스크를 착용하여야 하며, 시험장비 · 조리기구 취급 등 안전에 유의합니다.

❻ 다음 사항은 실격에 해당하여 채점대상에서 제외됩니다.

㉮ 수험자 본인이 시험 도중 시험에 대한 포기 의사를 표현하는 경우

㉯ 위생복, 위생모, 앞치마, 마스크를 착용하지 않은 경우

㉰ 시험시간 내에 과제 두 가지를 제출하지 못한 경우

㉱ 문제의 요구사항대로 과제의 수량이 만들어지지 않은 경우

㉲ 완성품을 요구사항의 과제(요리)가 아닌 다른 요리(예, 달걀말이 → 달걀찜)로 만든 경우

㉳ 불을 사용하여 만든 조리작품이 작품특성에 벗어나는 정도로 타거나 익지 않은 경우

㉴ 해당 과제의 지급재료 이외 재료를 사용하거나 요구사항의 조리기구(석쇠 등)로 완성품을 조리하지 않은 경우

㉵ 지정된 수험자 지참준비물 이외의 조리기술에 영향을 줄 수 있는 기구를 사용한 경우

㉶ 가스레인지 화구 2개 이상(2개 포함) 사용한 경우

㉷ 시험 중 시설 · 장비(칼, 가스레인지 등) 사용 시 시험위원 및 타 수험자의 시험 진행에 위해를 일으킬 것으로 시험위원 전원이 합의하여 판단한 경우

㉸ 요구사항에 표시된 실격 및 부정행위에 해당하는 경우

❼ 항목별 배점은 위생상태 및 안전관리 5점, 조리기술 30점, 작품의 평가 15점입니다.

❽ 시험 시작 전 가벼운 몸풀기(스트레칭) 동작으로 긴장을 풀고 시험을 시작합니다.

지급 재료

흰 생선살(껍질 벗긴 것(동태 또는 대구)) 150g, 달걀 1개, 당근 30g, 오이(가늘고 곧은 것, 20cm) 1/6개, 완두콩 20g, 파인애플(통조림) 1쪽, 건목이버섯 1개, 진간장 30㎖, 식용유 600㎖, 백설탕 100g, 식초 60㎖, 녹말가루(감자전분) 100g

만드는 방법

❶ 생선살은 1×4cm로 썰어서 녹말가루와 달걀흰자를 넣고 잘 버무려 기름에 바삭하게 튀겨낸다.

❷ 채소는 편으로 썰어서 준비한다.

❸ 팬에 물, 간장, 식초, 설탕을 넣고 끓인다.

❹ ②의 채소를 넣고 끓으면 물전분을 풀어 걸쭉하게 한다.

❺ ①의 생선살을 같이 넣고 잘 버무린다.

Tip

- 糖은 설탕, 醋은 식초를 의미한다.
- 물전분은 물을 제거하여 농도 높은 전분으로 밑반죽한다.

새우볶음밥 蝦仁炒飯 / xiā rén chǎo fàn

시아 렌 차오 판

시험시간 30분

요구사항

※ 주어진 재료를 사용하여 다음과 같이 새우볶음밥을 만드시오.

㉮ 새우는 내장을 제거하고 데쳐서 사용하시오.

㉯ 채소는 0.5cm 크기의 주사위 모양으로 써시오.

㉰ 부드럽게 볶은 달걀에 밥, 채소, 새우를 넣어 질지 않게 볶아 전량 제출하시오.

수험자 유의사항

❶ 만드는 순서에 유의하며, 위생과 숙련된 기능평가를 위하여 조리작업 시 맛을 보지 않습니다.

❷ 지정된 수험자 지참준비물 이외의 조리기구나 재료를 시험장 내에 지참할 수 없습니다.

❸ 지급재료는 시험 전 확인하여 이상이 있을 경우 시험위원으로부터 조치를 받고 시험 중에는 재료의 교환 및 추가지급은 하지 않습니다.

❹ 요구사항 및 지급재료의 규격은 "정도"의 의미를 포함하며, 재료의 크기에 따라 가감하여 채점됩니다.

❺ 위생복, 위생모, 앞치마, 마스크를 착용하여야 하며, 시험장비 · 조리기구 취급 등 안전에 유의합니다.

❻ 다음 사항은 실격에 해당하여 채점대상에서 제외됩니다.

㉮ 수험자 본인이 시험 도중 시험에 대한 포기 의사를 표현하는 경우

㉯ 위생복, 위생모, 앞치마, 마스크를 착용하지 않은 경우

㉰ 시험시간 내에 과제 두 가지를 제출하지 못한 경우

㉱ 문제의 요구사항대로 과제의 수량이 만들어지지 않은 경우

㉲ 완성품을 요구사항의 과제(요리)가 아닌 다른 요리(예, 달걀말이 → 달걀찜)로 만든 경우

㉳ 불을 사용하여 만든 조리작품이 작품특성에 벗어나는 정도로 타거나 익지 않은 경우

㉴ 해당 과제의 지급재료 이외 재료를 사용하거나 요구사항의 조리기구(석쇠 등)로 완성품을 조리하지 않은 경우

㉵ 지정된 수험자 지참준비물 이외의 조리기술에 영향을 줄 수 있는 기구를 사용한 경우

㉶ 가스레인지 화구 2개 이상(2개 포함) 사용한 경우

㉷ 시험 중 시설 · 장비(칼, 가스레인지 등) 사용 시 시험위원 및 타 수험자의 시험 진행에 위해를 일으킬 것으로 시험위원 전원이 합의하여 판단한 경우

㉸ 요구사항에 표시된 실격 및 부정행위에 해당하는 경우

❼ 항목별 배점은 위생상태 및 안전관리 5점, 조리기술 30점, 작품의 평가 15점입니다.

❽ 시험 시작 전 가벼운 몸풀기(스트레칭) 동작으로 긴장을 풀고 시험을 시작합니다.

지급 재료

쌀(30분 정도 물에 불린 쌀) 150g, 작은 새우살 30g, 달걀 1개, 대파(흰 부분 6cm) 1토막, 당근 20g, 청피망(중, 75g) 1/3개, 식용유 50㎖, 소금 5g, 흰 후춧가루 5g

만드는 방법

❶ 불린 쌀을 냄비에 물을 넣고 고슬고슬하게 밥을 하여 식혀서 준비한다.

❷ 새우는 등을 갈라 이물질을 제거하고 0.5cm 크기로 잘라 물에 데쳐서 준비한다.

❸ 양파, 대파, 당근, 청피망도 새우와 같은 크기로 잘라 준비한다.

❹ 팬에 기름을 넣고 달걀 하나를 넣고 휘저어 달걀이 익으면 밥을 넣고 타지 않도록 빠르게 볶아주다가 준비된 야채와 새우를 넣고 한 번 더 강한 불로 빠르게 볶아주면서 소금 양념을 하여 접시에 담아낸다.

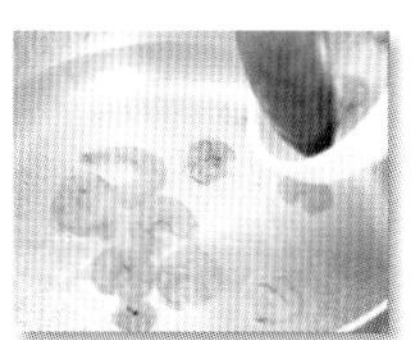

Tip

- 밥을 약간 고슬하게 지어야 스크램블의 수분량과 맞아 완성도가 높다.
- 스크램블이 부드럽게 익었을 때가 밥과의 융합이 가장 높을 때이다.

Chinese Cuisine

호텔요리

제3부

달걀탕 • 짜춘권 • 물만두 • 새우완자탕 • 증교자
전복냉채 • 새우냉채 • 닭고기레몬소스 • 유림기 • 전가복
해물누룽지탕 • 송이전복 • 삼선짜장면 • 게살볶음밥 • 삼선짬뽕
단호박시미로 • 꽃빵 • 군만두 • 찐만두 • 중국식 냉면
딸기마요네즈새우 • 빠스찹쌀떡 • 빠스바나나 • 깐풍꽃게 • 광어튀김
오향장육 • 사천짜장면 • 사천탕면 • 중국식스테이크 • 우럭튀김
우럭찜 • 매운 해물누룽지탕 • 가상해삼

달걀탕

지급 재료

달걀 1개, 대파(흰 부분 6cm 정도) 1토막, 진간장 15㎖, 건표고버섯(지름 5cm 정도, 물에 불린 것) 1개, 죽순(통조림(whole), 고형분) 20g, 팽이버섯 10g, 소금(정제염) 4g, 흰 후춧가루 2g, 녹말가루(감자전분) 15g, 참기름 5㎖, 돼지등심(살코기) 10g, 건해삼(불린 것) 20g

만드는 방법

❶ 달걀은 거품이 나지 않게 잘 풀어서 놓는다.

❷ 냄비에 물을 넣고 끓여서 끓은 물을 그릇에 넣고 표고버섯을 넣어 불리고, 죽순은 끓는 물에 살짝 데쳐 길이 4cm, 폭 0.2cm로 채 썰고, 대파도 같은 크기로 썰고 팽이버섯은 4cm 길이로 자른다.

❸ 표고버섯은 기둥을 떼어 죽순과 같은 크기로 썰며, 해삼은 내장을 제거하고 깨끗하게 세척하여 길이 4cm, 폭 0.3cm 채 썰고, 새우는 내장을 제거하고 반으로 해삼과 같은 크기로 자르고 돼지고기는 핏물을 제거하고, 길이 4cm, 폭 0.2 cm로 자른다.

❹ 냄비에 물을 넣어 끓으면, 돼지고기 채와 해삼과 새우 채를 넣고 끓이다가 거품은 걷어내고 간장, 소금, 후추로 양념을 한다.

❺ 대파, 죽순, 표고버섯, 팽이버섯 차례로 넣고 끓이다가 물전분을 넣어 농도를 맞춘다.

❻ 다시 끓어오르면 달걀을 돌려 부어서 부드럽게 익혀 참기름을 두 방울 넣어 그릇에 담아낸다.

memo

짜춘권

지급 재료

돼지등심(살코기) 50g, 작은 새우살(내장이 있는 것) 30g, 건해삼(불린 것) 20g, 양파(150g 정도) 1/4개, 조선부추 30g, 건표고버섯(지름 5cm 정도, 물에 불린 것) 1개, 녹말가루(감자전분) 15g, 진간장 10㎖, 소금(정제염) 2g, 검은 후춧가루 2g, 참기름 5㎖, 달걀 2개, 밀가루(중력분) 20g, 식용유 800㎖, 죽순(통조림(whole), 고형분) 20g, 대파(흰 부분 6cm 정도) 1토막, 생강 5g, 청주 20㎖

만드는 방법

❶ 냄비에 물을 넣고 끓여 그릇에 표고버섯을 담고 물을 넣어 불리고, 죽순은 데쳐 준비한다.

❷ 달걀은 풀어서 물 1Ts, 소금 약간과 전분을 넣고 풀어 체에 한 번 내려주고, 밀가루는 물을 넣어 풀을 만든다.

❸ 대파는 4cm길이로 채 썰고 생강도 채 썰고, 표고버섯은 기둥을 제거하고 채 썰고, 죽순과 양파도 길이 4cm로 채 썰고, 부추는 흰 부분과 파란부분을 분리하여 4cm 길이로 썰어 준비한다.

❹ 새우는 등쪽으로 내장 제거 후 데쳐 껍질 벗기고 두꺼울 경우 반으로 잘라 4cm로 썬다. 건해삼도 길이 4cm, 폭 0.3cm 크기로 채 썰어 물에 데친다.

❺ 돼지고기는 길이 4cm, 폭 0.2cm로 채 썰어 간장, 소금, 청주, 후추로 밑간을 한다.

❻ 팬을 달군 후 기름을 두르고 달걀지단을 부친다.

❼ 팬에 기름을 두르고 생강채, 대파채를 볶다가 돼지고기를 볶으면서 양파, 죽순, 표고버섯, 새우살, 해삼채를 볶다가 부추 흰 부분과 파란부분 순으로 넣어 볶은 다음 간장, 소금, 후추, 참기름으로 간하여 식힌다.

❽ 도마 위에 달걀 지단을 올리고 가장자리에 밀가루 풀을 고루 발라준 다음 재료를 넣어 양 끝부분을 오므려 지름이 3cm 정도로 동그랗게 말아서 끝부분에 밀가루 풀을 발라 붙인다.

❾ 튀김 냄비에 기름을 넣고 온도가 오르면 달걀을 넣고 부풀거나 터지지 않게 재빠르게 튀겨 낸 다음 두께 2cm로 썰어 보기 좋게 그릇에 담아낸다.

memo

물만두

지급 재료

밀가루(중력분) 100g, 돼지등심(살코기) 50g, 조선부추 30g, 대파(흰 부분 6cm 정도) 1토막, 생강 5g, 소금(정제염) 10g, 진간장 10㎖, 청주 5㎖, 참기름 5㎖, 검은 후춧가루 3g

만드는 방법

❶ 밀가루를 체에 내려 1Ts 정도 남겨두고, 나머지는 소금물 4Ts 정도 넣어 반죽을 해 젖은 면포나 비닐에 넣어 숙성시킨다.

❷ 생강은 다져 즙을 내고, 대파는 곱게 다지고, 부추는 0.5cm로 자른다.

❸ 돼지고기는 핏물을 제거하고 다져서 생강즙, 대파, 간장, 청주, 소금, 후춧가루로 양념하여 잘 치댄 후, 부추를 고루 섞어 만두소를 만든다.

❹ 반죽은 다시 여러 번 잘 치댄 후 양쪽 손을 이용하여 골고루 엄지손가락만 굵기로 밀어 폭 1.5cm로 잘라 손으로 밀어가면서 지름이 6cm 정도가 되도록 피를 만든다.

❺ 만두피 가운데 소를 넣고 반으로 접어 양쪽 엄지손가락으로 삼각진 모양이 되게 만두피를 눌러 중앙이 볼록한 삼각형이 되도록 만든다.

❻ 냄비에 물을 넣고 끓여 간장으로 색을 내고 소금 간을 해 만두를 삶아낸다. 만두를 넣고 끓어 올라 소가 투명하게 비칠 정도로 익으면 접시에 참기름을 두르고 담아 육수를 자작하게 부어낸다.

memo

새우완자탕

지급 재료

작은 새우살 100g, 달걀 1개, 청경채 1포기, 양송이(통조림(whole, 양송이 큰 것)) 1개, 대파(흰 부분 6cm 정도) 1토막, 죽순(통조림(whole, 고형분)) 50g, 생강 5g, 진간장 10㎖, 청주 30㎖, 소금 10g, 검은 후춧가루 5g, 녹말가루 30g, 참기름 10㎖

만드는 방법

❶ 새우살은 내장을 제거하여 물기를 짠 뒤 곱게 다진다.

❷ 죽순, 청경채, 양송이 등의 채소는 얇게 편으로 썰고, 생강은 다지고, 파는 송송 썬다.

❸ 곱게 다진 새우살에 달걀흰자, 녹말가루, 다진 생강, 소금, 청주(약간씩)를 넣어 잘 치댄다.

❹ 팬에 육수를 붓고 끓으면 불을 약하게 조절한 뒤 2cm 정도의 새우살완자를 하나씩 떼어 넣고 끓인다.

❺ 새우완자가 잘 익으면 썰어 놓은 채소를 넣고 다시 한 번 끓여준 뒤 참기름을 친다.

❻ 완성된 새우완자탕을 그릇에 담은 뒤 송송 썬 파를 얹어낸다.

증교자

지급 재료

돼지등심(다진 살코기) 50g, 밀가루(중력분) 150g, 조선부추 30g, 대파(흰 부분 6cm 정도) 1토막, 생강 5g, 진간장 20㎖, 청주 10㎖, 참기름 5㎖, 굴소스 10㎖, 검은 후춧가루 5g

만드는 방법

❶ 물 200ml가 끓으면 소금을 5g을 넣고 불을 끄고 밀가루에 천천히 물을 넣으면서 숟가락을 이용하여 저어주어 고슬고슬하게 작은 알갱이가 생기면 손으로 뭉쳐 하나의 덩어리로 만들어 위생비닐 봉투에 담아 준비한다.

❷ 찜솥에 물을 넣고 끓인다.

❸ 돼지고기 등심은 핏물을 제거하고 칼로 곱게 다져서 준비한다.

❹ 조선부추와 대파는 0.5cm크기로 잘라 준비하고 생강은 다져서 준비한다.

❺ 돼지고기 다진 것에 대파, 생강, 부추를 넣고 굴소스와 간장, 소금, 참기름을 넣고 양념을 하여 소를 준비한다.

❻ 숙성된 반죽을 찰기가 생기도록 손으로 치댄다. (치댄 반죽을 양손으로 포개어 펼쳐보았을 때 표면이 갈라짐이 없이 매끄럽게 될 때까지 치댄다.)

❼ 반죽을 가래떡처럼 길게 만들어 손으로 뜯거나 칼로 2cm 크기로 잘라 손바닥의 움푹하게 패인 곳으로 가볍게 눌러 둔다. (이때 눌러놓은 반죽은 마르지 않도록 젖은 행주를 이용하여 덮어놓는다.)

❽ 밀대를 이용하여 시계 반대 방향으로 피를 돌리면서 둥글게 밀어놓는다.

❾ 왼손 엄지와 검지 사이 공간에 피를 올려두고 소를 넣고 하나씩 주름을 접어 완성한다.

❿ 만두를 서로 붙지 않도록 배열하여 찜 솥에 7~8분간 찜을 하여 접시에 담아낸다.

memo

전복냉채

지급 재료

전복 4마리, 양상추 50g, 설탕 25g, 식초 20mL, 케첩 15g, 두반장 15g, 마늘 10g

만드는 방법

❶ 전복은 끓는 물에 삶아낸 후 내장을 손질하고 한입 크기의 편으로 썬다.

❷ 전복냉채소스는 모든 재료를 분량대로 혼합하여 만들어 놓는다.

❸ 양상추를 깔고, 전복을 담아 소스를 끼얹어준다.

memo

새우냉채

지급 재료

대하 10마리, 오이 1개 설탕 40g, 식초 30mL, 생강 15g, 청주 15mL, 대파 50g, 발효겨자 30g, 소금 10g

만드는 방법

❶ 새우는 내장을 제거하고 깨끗이 손질하여 생강, 대파, 청주, 소금을 넣고 끓는 물에 5분간 삶은 후 식힌다.

❷ 오이는 소금으로 씻어 사방 1cm 간격으로 썬 뒤 설탕, 소금, 식초를 넣어 양념한다.

❸ 접시에 오이를 깔고, 새우를 돌려 담는다.

❹ 발효겨자와 설탕, 식초를 혼합하여 따로 그릇에 담는다.

memo

닭고기레몬소스

지급 재료

닭고기 200g, 물 200mL, 레몬 1/2개, 설탕 80g, 달걀 1개, 레몬주스 30mL, 식용유 500mL, 청주 10mL, 소금 5g, 전분 100g

만드는 방법

❶ 뼈를 발라낸 닭다리살을 도마 위에 놓고 칼등으로 두드려 납작하게 만든 다음 소금, 청주로 밑간을 한다.

❷ 레몬은 얇게 슬라이스한다.

❸ 접시에 달걀을 풀어 닭고기를 넣어 묻히고, 다른 접시에 전분을 준비하여 달걀 묻힌 닭고기에 전분을 묻힌 후 바삭하게 튀긴다.

❹ 팬에 물, 설탕, 레몬주스, 소금, 레몬을 넣고 소스가 끓어오르면 물전분을 풀어 농도를 맞춘다.

❺ 튀긴 닭고기를 먹기 좋은 크기로 썰어서 접시에 담고 그 위에 레몬소스를 얹는다.

유림기

지급 재료

닭고기 200g, 간장 10 mL, 마늘 2개, 양상추 6장, 식초 15mL, 청주 10mL, 전분 100g, 설탕 80g, 생강 30g, 후춧가루 2g, 대파 30g, 홍고추 1개, 달걀 1개, 청양고추 1/2개

만드는 방법

❶ 양상추는 손으로 찢어서 접시에 깔아 놓는다.

❷ 닭고기의 뼈를 제거하고 닭고기를 칼등으로 쳐서 납작하게 만들어 청주, 간장으로 밑간을 한다.

❸ 밑간한 닭고기에 달걀 1개를 풀어 담근 후 전분가루를 고루 묻히고 예열된 기름에 바삭하게 튀긴다.

❹ 대파, 청양고추, 홍고추는 사방 0.5cm 크기로 썰고, 생강, 마늘은 다진다.

❺ 소스는 간장, 설탕, 식초를 넣고 끓인 후 냉각한다.

❻ 냉각된 소스에 ④의 재료를 넣고 섞은 뒤 튀긴 닭고기 위에 뿌려 마무리한다.

memo

전가복

지급 재료

해삼 30g, 전복 1마리, 새우 5마리, 대파 20g, 청주 15mL, 전분 50g, 아스파라거스 20g, 굴소스 15mL, 생강 5g, 닭육수 150mL, 송이버섯 50g, 마늘 1개, 파기름 20mL, 소금 3g

만드는 방법

❶ 새우, 전복과 불린 해삼은 깨끗이 손질하여 편으로 썬다.

❷ 아스파라거스, 양송이버섯은 편으로 썰어둔다.

❸ 파기름에 대파, 마늘, 생강을 볶는다. 해삼과 아스파라거스를 넣고 청주, 굴소스로 간을 한 후 그릇에 담는다.

❹ 새우, 전복, 송이버섯, 양송이버섯을 뜨거운 기름에 튀겨준다.

❺ 팬에 파기름을 두르고 다진 대파를 볶다가 닭육수에 소금간을 한 후 전분으로 농도를 맞추고 ④에 튀겨놓은 재료를 넣고 한 번 더 끓인다.

❻ ③의 요리 위에 ⑤요리를 끼얹어 마무리한다.

해물누룽지탕

지급 재료

해삼 30g, 누룽지 3개, 청피망 30g, 청경채 20g, 홍피망 30g, 죽순 20g, 중새우 2마리, 갑오징어 20g, 불린 표고버섯 2개, 파기름 15mL, 청주 15mL, 전분 50g, 굴소스 15mL, 닭육수 200mL, 대파 20g, 마늘 1개, 생강 5g, 간장 10mL

만드는 방법

❶ 모든 재료는 편으로 썰어 뜨거운 기름에 튀긴다.

❷ 누룽지를 예열된 기름에 튀겨 그릇에 담는다.

❸ 팬에 파기름을 두르고 대파, 생강, 마늘로 향을 낸 뒤 간장, 청주를 넣고 ①의 재료를 넣고 볶는다.

❹ ③에 닭육수 200mL를 넣어 굴소스로 간을 하고 물전분으로 농도를 맞춘 뒤 파기름으로 마무리한다.

❺ 누룽지가 담긴 냄비에 ④의 소스를 부어 담아낸다.

송이전복

지급 재료

송이버섯 100g, 죽순 80g, 전복 4마리, 마늘 2쪽, 생강 2g, 대파 10g, 소금 2g, 전분 15g, 파기름 15mL, 닭육수 50mL, 간장 5mL, 청주 5mL, 굴소스 3mL

만드는 방법

❶ 송이버섯과 죽순, 전복은 깨끗이 손질하여 편으로 썰고, 끓는 물에 데친다.

❷ 팬에 파기름을 두르고 얇게 편으로 자른 마늘, 대파, 생강을 볶다가 간장과 청주로 향을 낸 후 ①의 손질한 재료를 넣고 굴소스와 소금으로 간을 하여 볶는다.

❸ 볶은 후 닭육수를 넣고 물전분으로 농도를 맞춘 뒤 파기름을 뿌려 마무리한다.

삼선짜장면

지급 재료

생면 150g, 오이 30g, 해삼 30g, 양파 200g, 새우 30g, 파기름 40mL, 오징어 30g, 간장 10mL, 돼지고기 30g, 전분 30g, 생강 5g, 춘장 50g, 설탕 10g, 소금 10g

만드는 방법

❶ 춘장과 동일한 양의 기름을 부어 잘 풀어질 때까지 볶는다.

❷ 생강, 돼지고기, 양파, 해산물은 손질하여 네모나게 썰고, 오이는 채 썬다.

❸ 생면은 끓는 물에 삶고, 찬물에 씻어 건져낸 후 따뜻한 물에 데쳐서 그릇에 담는다.

❹ 팬에 파기름을 두르고 돼지고기를 익힌 후 생강과 간장을 넣어 향을 낸다.

❺ ④에 양파를 볶으며 소금, 설탕으로 간을 한 후 볶아 놓은 춘장을 넣고 풀어준 뒤 전분으로 농도를 맞추고 손질해 놓은 해산물을 넣고 다시 볶는다.

❻ 면이 담긴 그릇에 짜장소스를 담고 오이채를 올려준다.

게살볶음밥

지급 재료

쌀밥 250g, 파기름 30mL, 대파 10g, 달걀 2개, 게살 30g, 마늘종 15g, 당근 15g, 소금 5g

만드는 방법

❶ 게살은 깨끗이 손질하여 가지런히 정리하고, 대파, 마늘종, 당근은 사방 0.5cm 크기로 썬다.

❷ 팬에 파기름을 두르고 달걀을 풀어 볶다가, 쌀밥을 넣고 소금으로 간을 한다.

❸ 대파, 게살, 마늘종, 당근을 넣고 노릇노릇 볶아낸다.

삼선짬뽕

지급 재료

생면 180g, 죽순 20g, 양파 30g, 배추 20g, 청 · 홍피망 각 1/2개, 소금 10g, 새우 2마리, 불린 표고버섯 2개, 갑오징어 20g, 고운 고춧가루 15g, 청경채 1개, 흰 후춧가루 5g, 닭육수 500mL, 마늘 1개, 대파 20g, 생강 5g, 해삼 20g

만드는 방법

❶ 갑오징어는 칼집을 넣어 편 썰기로 자르고, 새우, 불린 해삼을 비롯한 모든 채소는 편으로 썰어 놓는다.

❷ 생면은 끓는 물에 삶고, 찬물에 씻어 건져 따뜻한 물에 데쳐 그릇에 담는다.

❸ 대파, 마늘, 생강은 편으로 자르고, 고추기름으로 볶는다.

❹ ③에 손질한 채소를 볶으며 고춧가루를 타지 않게 볶는다.

❺ 육수를 넣고 끓으면 해산물을 넣어 간을 한다.

❻ 삶아 놓은 면에 끓인 짬뽕을 부어서 마무리한다.

단호박시미로

지급 재료

단호박 50g, 우유 100mL, 설탕 20g, 시미로 3g

만드는 방법

❶ 시미로는 10분간 끓여 투명해지면 건져 식힌다.

❷ 단호박은 껍질과 씨를 제거하여 편으로 자른 후 찜통에 15분 정도 쪄서 냉동한다.

❸ 냉동된 단호박에 우유, 설탕을 넣고 믹서기에 곱게 갈아 그릇에 담고 그 위에 시미로를 담아 낸다.

memo

꽃빵

지급 재료

강력분 250g, 물 100ml, 설탕 20g, 이스트 4g, 소금 1g

만드는 방법

❶ 중력분과 강력분을 체에 내려 고운 가루상태로 준비한다.
❷ 밀가루에 물, 이스트, 설탕, 소금을 넣어 반죽한 후 1시간가량 발효시킨다.
❸ 발효가 끝나면 밀대로 사각형태로 밀어 파기름을 펴 바른다.
❹ 완성된 사각형태의 반죽을 돌돌 말아 끝을 봉합한다.
❺ 반죽을 6cm 크기로 잘라주고, 가운데를 젓가락으로 눌러 모양을 잡는다.
❻ 김이 오르는 찜통에 7분간 찐다.

군만두

지급 재료

돼지고기 100g, 대파 30g, 후추 3g, 생강 5g, 소금 10g, 식용유 30mL, 강력분 120g, 파기름 15mL

만드는 방법

❶ 강력분을 끓는 물로 익반죽하여 고루 치댄 후 젖은 천이나 비닐로 마르지 않게 덮어둔다.

❷ 만두속으로 사용할 돼지고기는 곱게 다지고, 대파, 생강은 다지고, 후춧가루, 소금, 파기름을 넣어 간을 한다.

❸ 밀가루 반죽을 8cm 크기로 밀어 만두속을 넣고 반으로 접어서 한쪽 방향으로 주름을 잡아 빚는다.

❹ 찜통에 5분간 쪄낸다.

❺ 팬에 기름을 두르고 만두를 한 면만 갈색이 나게 지진 후 접시에 담아낸다.

memo

찐만두

지급 재료

돼지고기 100g, 대파 30g, 후추 3g, 파기름 15mL, 생강 10g, 소금 10g, 강력분 100g

만드는 방법

❶ 강력분을 끓는 물로 익반죽하여 고루 치댄 후 젖은 천이나 비닐로 마르지 않게 덮어둔다.

❷ 만두속으로 사용할 돼지고기는 곱게 다지고, 대파, 생강은 다지고, 후춧가루, 소금, 파기름을 넣어 간을 한다.

❸ 밀가루 반죽을 8cm 크기로 밀어 만두속을 넣고 반으로 접어서 한쪽 방향으로 주름을 잡아 빚는다.

❹ 김이 오른 찜통에 6분간 쪄낸 후 접시에 담아낸다.

중국식 냉면

지급 재료

생면 200g, 삶은 새우 2마리, 오이 30g, 오향장육 30g, 당근 50g, 황 · 백지단 1개, 해삼 30g, 물 500mL, 간장 50mL, 식초 20mL, 설탕 35g, 참기름 5mL, 소금 15g

만드는 방법

❶ 그릇에 분량의 생면을 반죽하여 제면기계를 이용하여 생면을 뽑는다.

❷ 끓는 물에 삶은 다음 얼음물에 씻어 건져 그릇에 담는다.

❸ 모든 채소와 해산물, 오향장육을 6cm 길이로 채 썬다.

❹ 육수는 생수에 분량의 간장, 설탕, 식초, 소금, 참기름을 넣고 섞은 뒤 냉각한다.

❺ 면 위에 채 썬 재료를 가지런히 놓고, 냉각된 육수를 붓고 마무리한다.

딸기마요네즈새우

지급 재료

중새우 8마리, 달걀 1개, 전분 50g, 식초 30g, 마요네즈 150g, 딸기 5개, 연유 100g, 설탕 30g

만드는 방법

❶ 달걀과 전분으로 반죽한 후 새우에 칼집을 넣고 바삭하게 튀겨낸다.

❷ 두개의 딸기는 으깨고, 3개는 4등분한다.

❸ 분량의 마요네즈, 연유, 설탕, 식초, 으깬 딸기를 넣고 소스를 만든다.

❹ 튀긴 새우를 ③의 소스에 버무려 마무리한다.

빠스찹쌀떡

지급 재료

찹쌀가루 200g, 설탕 100g, 식용유 500mL, 밀가루 200g, 소금 3g, 물 5mL, 팥앙금 150g

만드는 방법

❶ 분량의 찹쌀가루와 소금을 끓는 물 30g에 넣고 익반죽한다.

❷ ①의 반죽을 잘 치대어 팥앙금을 넣고 동그랗게 잘 감싸 찹쌀떡을 만든다.

❸ 찹쌀떡에 밀가루를 입혀 끓는 물에 데쳐준다.

❹ ③의 과정을 3번 반복한 후 다시 밀가루를 묻히고 예열된 기름에 튀겨준다.

❺ 팬에 식용유와 설탕을 넣고 약한 불로 시럽을 만든다.

❻ 시럽이 완성되면 바로 튀긴 찹쌀떡을 넣고 시럽을 골고루 묻힌다.

❼ 기름 바른 접시에 담아서 식힌 후 시럽이 굳어지면 깨끗한 접시에 담아낸다.

빠스바나나

지급 재료

바나나 2개, 설탕 100g, 식용유 500mL, 밀가루 200g, 물 5mL, 달걀 1개

만드는 방법

❶ 바나나를 2cm 크기로 썰어 밀가루를 입힌다.

❷ ①에 달걀물을 입힌 다음 밀가루를 묻혀 끓는 물에 데쳐준다.

❸ ②의 과정을 3번 반복한다. 다시 밀가루를 묻히고 예열된 기름에 튀겨준다.

❹ 팬에 식용유를 두른 후 설탕을 녹여 시럽을 만들고, 시럽이 완성되면 튀긴 바나나를 넣고 시럽을 골고루 묻힌다.

❺ 접시에 기름을 바른 후 그 위에 ④의 요리를 담아서 식힌다.

❻ 시럽이 굳어지면 깨끗한 접시에 담아낸다.

memo

깐풍꽃게

지급 재료

꽃게 2마리, 간장 15mL, 설탕 30g, 전분 150g, 식초 15mL, 마늘 3쪽, 대파 2토막, 청 · 홍피망 각 1/2개, 고추기름 25mL, 생강 5g

만드는 방법

❶ 전분을 손질된 꽃게에 묻힌 후 예열된 기름에 튀긴다.

❷ 청 · 홍피망은 사방 0.5cm 정도로 썰고 대파, 생강, 마늘은 곱게 다진다.

❸ 고추기름을 둘러 ②의 손질된 재료를 볶아 분량의 간장, 설탕, 식초를 넣고 끓인 후 튀긴 꽃게를 넣고 버무려 마무리한다.

광어튀김

지급 재료

광어 1마리, 진간장 15mL, 청주 20mL, 소금 5g, 대파 20g, 생강 20g, 청경채 3개, 전분가루 100g, 당근 15g, 달걀 1개

만드는 방법

❶ 광어는 비늘과 내장을 제거하고 대파, 생강, 청주, 간장, 소금으로 간을 하여 1시간가량 재워둔다.

❷ ①의 광어에 달걀물과 전분을 묻혀 예열된 기름에 튀긴다.

❸ 튀긴 광어를 접시에 올린 후 채 썬 당근을 올려 마무리한다.

❹ 청경채는 끓는 물에 살짝 데쳐 기름에 볶은 후 같이 곁들인다.

memo

오향장육

지급 재료

아롱사태 200g, 오이 50g, 팔각 3개, 건고추 1개, 오향분 5g, 대파 30g, 고수 10g, 생강 10g, 물 2L, 간장 120mL, 소금 10g, 설탕 50g, 노추 30mL

만드는 방법

❶ 아롱사태는 30분간 삶아내고, 찬물로 깨끗이 씻어준다.

❷ 냄비에 오이를 제외한 분량의 재료를 모두 넣고 3시간가량 끓여준다.

❸ 삶은 고기를 결 반대방향으로 썰어 접시에 담아 마무리한다.

사천짜장면

지급 재료

생면 150g, 새싹채소 30g, 양파 200g, 고추기름 40mL, 부추 30g, 돼지고기 30g, 전분 30g, 생강 5g, 두반장 50g, 설탕 10g, 오이 20g

만드는 방법

❶ 부추는 송송, 양파는 사방 2cm, 생강은 다지고, 오이는 채 썬다.

❷ 생면은 끓는 물에 삶은 다음 찬물에 깨끗이 씻어 건져 따뜻한 물에 데쳐서 그릇에 담는다.

❸ 팬에 고추기름을 두르고 돼지고기를 노릇노릇 익힌 후 생강과 두반장을 넣고 볶아준다.

❹ ③에 양파와 부추를 넣고 볶다가 소금, 설탕으로 간을 한 후 물전분으로 농도를 맞춘다.

❺ 면이 담긴 그릇에 사천짜장을 보기 좋게 담고 새싹채소를 올려준다.

memo

사천탕면

지급 재료

생면 150g, 양파 1/4개, 청홍피망 각 1/2개, 바지락 7개, 생새우 5마리, 생굴 20g, 부추 10g, 청양고추 3개, 마늘 5g, 청주 10mL, 소금 10g, 파기름 20mL, 닭육수 500mL, 대파 15g, 생강 2g

만드는 방법

❶ 생굴, 바지락, 새우는 깨끗이 손질한 다음 모든 채소는 5cm 길이로 채 썬다.

❷ 생면은 끓는 물에 삶고 찬물에 씻어 건져 따뜻한 물에 데친 뒤 그릇에 담는다.

❸ 팬에 파기름을 두르고 대파, 마늘, 생강을 볶은 다음 모든 채소를 볶는다.

❹ ③에 분량의 닭육수를 넣고 해산물을 넣어 끓인 후 소금으로 간을 한다.

❺ 면이 담긴 그릇에 ④를 넣어준다.

중국식 스테이크

지급 재료

소고기 안심 200g, 전분 50g, 아스파라거스 2개, 양파 30g, 생수 50mL, 설탕 30g, 통마늘 1/2개, 식초 15mL, 소금 10g, 파기름 15mL

만드는 방법

❶ 소고기 안심은 격자무늬로 1cm 칼집을 넣어주고, 소금으로 밑간하여 전분을 묻혀 기름에 튀겨 낸다.

❷ 통마늘은 반으로 잘라 130℃ 기름에 튀겨준다.

❸ 양파는 채 썰고, 아스파라거스는 파기름에 볶아 그릇에 담는다.

❹ 팬에 파기름을 두르고 분량의 설탕, 식초, 생수를 넣어 끓인 후 물전분으로 농도를 맞춘다.

❺ 그릇에 양파를 깔고 튀긴 안심을 올린 후, 아스파라거스, 마늘을 곁들여준다.

❻ 완성된 소스를 튀긴 안심에 부어 마무리한다.

우럭튀김

지급 재료

우럭 1마리, 물 100mL, 청주 45mL, 간장 15mL, 대파 30g, 식초 45mL, 생강 10g, 설탕 70g, 전분 150g, 고추기름 15mL, 케첩 50g

만드는 방법

❶ 우럭은 비늘과 내장을 제거하고, 포를 떠서 안쪽에 격자무늬 칼집을 넣고, 대파, 생강, 마늘을 다져 간장, 청주와 함께 손질한 우럭을 1시간가량 재워 놓는다.

❷ ①의 우럭에 달걀과 전분을 묻혀 예열된 기름에 노릇노릇하게 튀긴다.

❸ 팬에 고추기름을 두르고 분량의 물, 설탕, 식초, 케첩으로 소스를 만든 후 전분으로 농도를 맞춘다.

❹ 그릇에 튀긴 우럭을 올린 후 소스를 뿌린다.

우럭찜

지급 재료

우럭 1마리, 중국햄 100g, 달걀 3개, 청주 45mL, 간장 15mL, 고수 15g, 닭육수 150mL, 대파 1쪽, 파기름 15mL, 생강 10g, 설탕 90g

만드는 방법

❶ 우럭은 비늘과 내장을 제거한 뒤 가운데 뼈를 기준으로 포를 뜨고, 대파, 생강은 곱게 다져 간장, 청주와 함께 손질한 우럭에 밑간하여 30분가량 재워둔다.

❷ 중국햄과 대파, 생강은 7cm 길이로 채 썰어 ①의 우럭살에 가지런히 놓는다.

❸ ②의 우럭을 20분간 찜통에서 쪄낸다.

❹ 간장과 육수, 소금으로 간장소스를 만든다.

❺ 쪄낸 우럭에 채 썬 재료를 가지런히 올린 후 간장소스를 붓고 고수를 올린다.

매운 해물누룽지탕

지급 재료

누룽지 3개, 죽순 20g, 양파 30g, 전분 20g, 청 · 홍피망 각 1/2개, 소금 10g, 중새우 2마리, 불린 표고버섯 2개, 갑오징어살 20g, 고운 고춧가루 15g, 청경채 1개, 고추기름 40mL, 닭육수 500mL, 마늘 1개, 대파 20g, 생강 5g, 해삼 20g

만드는 방법

❶ 갑오징어는 칼집을 넣어 편으로 썰고, 새우, 불린 해삼을 비롯한 모든 채소는 편으로 썰어 놓는다.

❷ 누룽지는 예열된 기름에 튀겨 그릇에 담아둔다.

❸ 대파, 마늘, 생강은 편으로 썰고, 고추기름으로 볶는다.

❹ ③에 손질한 채소를 볶으며 분량의 고춧가루를 타지 않게 볶는다.

❺ 육수를 넣고 끓으면 해산물을 넣어 소금간을 한 후 전분으로 농도를 맞춘다.

❻ 튀겨 놓은 누룽지 위에 ⑤의 소스를 부어 마무리한다.

memo

가상해삼

지급 재료

해삼 200g, 돼지고기 50g, 달걀 1개, 전분 20g, 표고버섯 2장, 죽순 1/4개, 청피망 1/2개, 홍고추 1/2개, 생강 5g, 대파 10g, 마늘 10g, 고추기름 40mL, 굴소스 5g, 청주 15mL, 두반장 25g, 간장 10mL

만드는 방법

❶ 해삼은 물에 불린 후 8cm 길이의 편으로 썰어준다.

❷ 돼지고기는 사방을 1cm 크기로 다진다.

❸ 모든 채소는 길게 편으로 썬다.

❹ 팬에 고추기름을 두르고 돼지고기를 익힌 후 대파, 생강, 마늘을 넣어 볶는다.

❺ ④에 두반장, 간장, 청주로 향을 내고 모든 재료를 볶으며 굴소스로 간을 한다.

❻ ⑤에 물전분을 조금씩 넣어 걸쭉하게 만든 후 고추기름으로 마무리한다.

memo

참고문헌

NCS 학습모듈(중식조리)

저자 소개

박병일

현) 한국호텔관광전문학교 국제중식조리학과 교수
세종대학교 대학원 호텔경영학과 외식경영전공 석사
사단법인 한국조리협회 상임이사
대한민국 국제요리&제과경연대회 심사위원
국제 탑 쉐프 그랑프리 심사위원
KOREA 월드 푸드 챔피언십 심사위원
르네상스 서울 호텔 중식당 chef
전) 전북과학대학교 중식 외래교수
대구대경대학교 중식 겸임교수
조리학회가 선정한 이달의 인물
K-WACS 전국요리대회 우수 지도자상
국제 탑 쉐프 그랑프리 최우수 지도자상

논문

사천고추를 첨가한 면의 품질특성 연구 외 다수

저자와의
합의하에
인지첩부
생략

꼭 알아야 할 기초중국요리

2018년 3월 30일 초 판 1쇄 발행
2023년 1월 10일 제2판 2쇄 발행

지은이 박병일
펴낸이 진욱상
펴낸곳 (주)백산출판사
교 정 편집부
본문디자인 장진희
표지디자인 오정은

등 록 2017년 5월 29일 제406-2017-000058호
주 소 경기도 파주시 회동길 370(백산빌딩 3층)
전 화 02-914-1621(代)
팩 스 031-955-9911
이메일 edit@ibaeksan.kr
홈페이지 www.ibaeksan.kr

ISBN 979-11-6567-259-1 93590
값 22,000원